贵州省区域内一流建设培育学科项目（黔教科研发[2018]216号）
六盘水师范学院重点学科项目（LPSSYZDXK201802）
六盘水师范学院教学内容与课程体系改革项目（LPSSYjg201813）
六盘水市科技局重点实验室项目（52020-2019-05-03）

西部生态脆弱矿区
煤-水协调开采技术与实践

李 涛／著

Xibu Shengtai Cuiruo Kuangqu

Mei-Shui Xietiao Kaicai Jishu Yu Shijian

China University of Mining and Technology Press

中国矿业大学出版社

·徐州·

内 容 简 介

本书以西部生态脆弱矿区为工程背景,详细论述了煤-水协调开采的相关技术及工程实践,主要内容包括探查技术与实践、评价技术与实践、煤炭开采水资源保护技术与实践等。全书内容丰富、层次清晰、图文并茂、论述有据,理论性和实践性强。

本书可供从事采矿工程、地质工程等相关专业的科研与工程技术人员参考使用。

图书在版编目(CIP)数据

西部生态脆弱矿区煤-水协调开采技术与实践/李涛
著.—徐州:中国矿业大学出版社,2020.6
ISBN 978 - 7 - 5646 - 4604 - 2

Ⅰ.①西… Ⅱ.①李… Ⅲ.①煤矿开采—研究 Ⅳ.
①TD82

中国版本图书馆 CIP 数据核字(2020)第 098503 号

书 名	西部生态脆弱矿区煤-水协调开采技术与实践	
著 者	李 涛	
责任编辑	王美柱	
出版发行	中国矿业大学出版社有限责任公司	
	(江苏省徐州市解放南路 邮编 221008)	
营销热线	(0516)83884103 83885105	
出版服务	(0516)83995789 83884920	
网 址	http://www.cumtp.com E-mail:cumtpvip@cumtp.com	
印 刷	江苏淮阴新华印务有限公司	
开 本	787 mm×1092 mm 1/16 印张 11 字数 275 千字	
版次印次	2020 年 6 月第 1 版 2020 年 6 月第 1 次印刷	
定 价	42.00 元	

(图书出现印装质量问题,本社负责调换)

前　言

我国煤炭资源量巨大，在未来很长一段时间内，煤炭仍将是我国的主体能源和重要工业原料。但是我国开采煤炭的区域多在生态脆弱区（包括西北荒漠化区和西南石漠化区），这些区域水资源整体匮乏。如何在煤炭绿色安全高效开采的同时保护水资源、利用水资源甚至开发水资源，是一个关键的科学研究和工程实践问题。围绕这一关键问题，国内专家在"保水采煤"方面开展了卓有成效的研究。其中，与西北生态脆弱矿区相关的研究体系已经相对成熟，主要为保护生态水位和保护可利用水资源两大体系。有关西北生态脆弱矿区的研究成果正向华北带压开采区和西南石漠化区推广。不同的采矿地质条件和不同的保水采煤体系，在条件探查技术、采煤影响评价技术和配套保水采煤技术等方面均需要进行深入的研究。

本书正是从这三个方面出发，针对不同的采矿地质条件，介绍了一系列的关键技术及实践工程应用。在条件探查方面，研发并成功实践了微电阻率扫描成像测井探查土层中裂隙技术、钻孔显微高速摄像探查地下水流场技术、单孔放水探查承压水水文地质参数技术等。在采煤影响评价方面，研发并成功实践了固液耦合物理相似模拟技术、多场联合数值模拟技术和基于多因素量化叠置分析技术等。在保水采煤方面，研发并成功实践了保水采煤保护层留设技术、保水煤柱留设技术、过沟开采保水技术、矿井水改性浆液注浆加固技术、生态湿地水质处理技术等。

本书是笔者在过去 10 年对保水采煤研究的基础上，整体设计和撰写而成的。相关项目的研究离不开中国矿业大学、陕西煤业化工集团有限责任公司、陕西省煤田地质集团有限公司、六盘水师范学院、陕西省地质环境监测总站、西安科技大学、长安大学及贵州大学等单位的支持。高级工程师尚荣和常金源，研究生张嘉睿和梅奥然等在本书撰写过程中做出了重要贡献。在此，笔者一并表示感谢！

由于笔者时间和水平所限，书中难免有不当之处，欢迎专家和广大读者批评指正。

著　者

2019 年 12 月

目　录

1　绪论 ……………………………………………………………… 1
　1.1　煤炭开采与水资源保护 ………………………………………… 1
　1.2　西部生态脆弱矿区地质概况 …………………………………… 1
　1.3　研究现状 ………………………………………………………… 4
　1.4　关键问题 ………………………………………………………… 6

2　探查技术与实践 ………………………………………………… 7
　2.1　地质调查技术与实践 …………………………………………… 7
　2.2　地球物理勘探技术与实践 ……………………………………… 30
　2.3　原位测试技术与实践 …………………………………………… 63
　2.4　水文地球化学测试技术与实践 ………………………………… 83
　2.5　探查技术与实践总结 …………………………………………… 85

3　评价技术与实践 ………………………………………………… 86
　3.1　物理相似模拟技术与实践 ……………………………………… 86
　3.2　数值模拟技术与实践 …………………………………………… 103
　3.3　其他分析技术与实践 …………………………………………… 132
　3.4　评价技术与实践总结 …………………………………………… 141

4　煤炭开采水资源保护技术与实践 ……………………………… 143
　4.1　保护层留设技术与实践 ………………………………………… 143
　4.2　保护煤柱留设技术与实践 ……………………………………… 146
　4.3　过沟开采技术与实践 …………………………………………… 155
　4.4　注浆加固技术与实践 …………………………………………… 157
　4.5　水质处理技术与实践 …………………………………………… 163
　4.6　其他技术 ………………………………………………………… 164
　4.7　保水采煤技术与实践总结 ……………………………………… 165

5　结论及展望 ……………………………………………………… 166
　5.1　主要结论 ………………………………………………………… 166
　5.2　未来展望 ………………………………………………………… 166

参考文献 …………………………………………………………… 168

1 绪 论

1.1 煤炭开采与水资源保护

我国能源结构短期内无法根本改变,即煤炭的主导地位不会发生改变。我国煤炭开采正逐渐向西部生态脆弱矿区转移,这一区域的主要特点是煤炭资源量丰富、开采深度浅,但水资源短缺,生态环境脆弱[1]。2018 年,我国自然资源部出台了 9 个行业的绿色矿山建设标准,其中煤炭行业的建设标准中明确指出在生态脆弱区域需要采取保水采煤措施(即水资源保护措施)[2]。相关的地方可操作的规范也在进一步制定中。

我国煤炭开采过程中涉及的主要水资源保护问题有[3]:

(1)煤炭开采造成地下水、地表水及大气降水进入采空区,水质受到一定程度的污染,可利用水资源量在降低。

(2)煤炭开采造成地下水位下降,特别是生态水位的下降造成地表生态退化,地表水土流失加剧,荒漠化、石漠化进一步扩展。

(3)煤炭开采造成地表水发生不同程度的减流,甚至断流,人类、动物及植被的水源地受到威胁。

(4)煤炭开采造成包气带中重力水的流失,深厚的包气带生态恢复困难,生态恢复周期变长。

综上,一方面,煤炭开采主要造成区域水资源时空分布不均匀,可利用水资源量在降低(或者利用成本增加);另一方面,煤炭开采造成生态水位下降,即包气带水不足以支撑植被生长,生态环境持续恶化[4]。

1.2 西部生态脆弱矿区地质概况

我国西部煤炭资源量丰富,地质条件有较大的差异。本书以生态环境脆弱的陕西省为例,介绍了一系列的技术研究和工程实践成果。

陕西省是我国的煤炭大省,境内分布有陕北侏罗纪煤田、陕北石炭二叠纪煤田、陕北三叠纪煤田、渭北石炭二叠纪煤田、黄陇侏罗纪煤田等五大煤田。含煤总面积超过 5×10^4 km²,约占全省面积的 1/4。

1.2.1 陕北侏罗纪煤田地质概况

1.2.1.1 自然地理

陕北侏罗纪煤田横跨毛乌素沙漠和黄土高原,区域地表主要地形地貌有风沙滩地

[见图 1-1(a)]、黄土梁峁[见图 1-1(b)]和河谷[见图 1-1(c)][5-6]。

(a)　　　　　　　　(b)　　　　　　　　(c)

图 1-2　陕北侏罗纪煤田地表主要地形地貌

风沙滩地区植被覆盖率较高,主要以沙柳、沙蒿、柠条等依靠凝结水补给的耐干旱草本、灌木类为主。黄土梁峁区受雨水侵蚀严重,沟壑纵横,地形破碎,浅部土层含水率不高,植被稀疏。河谷区为该地区人口稠密区,是当地农业主要分布区,整体生态环境良好,分布的旱柳、小叶杨等乔木长势良好。

研究区属中温带半干旱大陆性气候,冬季寒冷,夏季炎热,春季多风,秋季凉爽,昼夜温差悬殊。当年 11 月至次年 3 月为冰冻期;1 月初至 5 月初为季风期,多为西北风。多年平均气温 8.6 ℃;多年平均降水量 434.1 mm,降水多集中于 7—9 月(占全年总降水量的 70% 以上);多年平均蒸发量 1 712 mm,是降水量的 4～5 倍。

1.2.1.2　地层

陕北侏罗纪煤田为掩盖式煤田,地表大部分被风积沙所覆盖,基岩仅沿沟谷零星出露。侏罗系延安组是区内唯一的含煤岩系;新近系中新统保德组是研究区内的主要隔水层;第四系更新统萨拉乌苏组是研究区内主要的潜水含水层,也是主要的保护对象[7]。

1.2.1.3　煤层

研究区内有煤层 20 余层,其中主要可采煤层 5 层:1^{-2}、2^{-2}、3^{-1}、4^{-2}、5^{-2} 煤。

1.2.1.4　构造

陕北侏罗纪煤田位于鄂尔多斯盆地东翼北部的一级构造单元(陕北斜坡)内的二级构造单元(东胜—靖边斜坡)上,是一个倾角 1°左右、向西缓缓倾斜的大单斜构造。

1.2.1.5　水文

区内主要含隔水层赋存特征分述如下:

(1)砂层潜水含水层,由第四系风积沙和萨拉乌苏组构成,为该区域内最主要含水层,多被风积沙层覆盖。其厚度为 0～166 m,潜水位埋深集中在 1～10 m 范围内。

(2)离石组黄土相对隔水层,广泛分布于研究区内,岩性以粉土为主。其厚度变化较大,主要集中在 0～60 m 范围内。

(3)保德组红土相对隔水层,岩性以黏土和粉质黏土为主。其厚度变化较大,在研究区北部甚至尖灭,厚度主要集中在 0～60 m 范围内。

(4)风化基岩含水层,为位于基岩顶部约 30 m 范围内的岩层,包括洛河组至延安组的多个地层。其岩性有一定的变化,以细粒砂岩及粉砂岩为主。大量抽水试验显示:该含水层厚度为 7.52～41.89 m,水位埋深为 0.34～153.58 m,统降单位涌水量为 0.000 79～0.180 79 L/(s·m),渗透系数为 0.012 23～4.991 8 m/d。受地形地貌、上覆含水层特征、风化程度及基岩岩性制约,风化基岩含水层富水性变化较大,总体上为弱富水,局部地段中等富水。

（5）洛河组含水层，于四期规划区北部的神树沟、公格沟、米麻沟、何家格台一带，西北部的叶家梁一带，西南部的 M21-1 号钻孔以西和 ZK107 号钻孔附近及三期规划区北部牛定壕一带出露。其厚度主要集中在 0～300 m 范围内；岩性以中、粗粒砂岩为主；富水性有一定的变化，为弱富水或中等富水。

（6）基岩相对隔水层（延安组基岩），在研究区多数地区较为完整，且无导水构造，抽水试验显示天然状态下其渗透系数非常小，为 0.000 3～0.001 m/d。

（7）火烧岩含水层，主要是煤层露头处自燃导致的上覆岩层受烘烤、塌陷后形成的局部的含水层。其渗透系数普遍较大；富水性变化较大，主要为弱富水和中等富水。

1.2.2　渭北石炭二叠纪煤田地质概况

1.2.2.1　自然地理

渭北石炭二叠纪煤田是陕西省的"黑腰带"，分布在关中地区。该煤田自西向东包括 4 个矿区，分别为铜川矿区、蒲白矿区、澄合矿区和韩城矿区，其中铜川矿区和蒲白矿区属渭北石炭二叠纪煤田西区，澄合矿区和韩城矿区属渭北石炭二叠纪煤田东区[8]。地形地貌上，主要以黄土梁峁为主。

1.2.2.2　地层

渭北石炭二叠纪煤田属华北型石炭二叠纪海陆交互相煤田。煤田内出露的地层由老至新有太古界涑水群、寒武系、奥陶系、石炭系、二叠系、三叠系及新生界。

1.2.2.3　煤层

研究区含煤层有 10 余层，其中 2#、3#、5#、10# 及 11# 煤为主采煤层。

2# 煤仅在韩城矿区马沟渠矿以北有所沉积，向北邻近黄河一带急剧变薄或尖灭。该煤厚 0.05～2.2 m，平均 1.05 m。其直接顶为砂质泥岩或粉砂岩，基本顶为砂岩，底板为砂质泥岩及粉砂岩与细砂岩互层。

3# 煤也仅是韩城矿区的主采煤层，厚 0.18～9.2 m，一般在矿区北部较厚，中部次之，至矿区南部边界趋于尖灭。该煤层含 1～2 层夹矸，上距 2# 煤 15～20 m。3# 煤直接顶为砂质泥岩、泥岩或粉砂岩，基本顶为中、细粒砂岩，底板在南区为粉砂岩，局部夹细砂岩，在北区多为石英砂岩。

5# 煤在渭北石炭二叠纪煤田 4 个矿区均为主采煤层，厚 0～9.47 m，一般 1.5～3.5 m，由 5-1 和 5-2 煤两个分层组成。5-1 煤仅在铜川鸭口、徐家沟局部可采，5-2 煤则比较稳定。该煤层含 2～3 层夹矸，煤层直接顶为泥岩、砂质泥岩、砂岩。

10# 煤主要分布于铜川矿区西部，厚 0.8～5.3 m，一般 1.3 m。其直接顶为泥岩、碳质泥岩，底板为泥岩、铝土泥岩。另外，10# 煤在蒲白矿区南井头、澄合矿区王村斜井等井田也局部可采。

11# 煤为韩城矿区主采煤层，在全矿区普遍沉积，厚 0.24～9.6 m。11# 煤结构复杂，含夹矸 1～4 层，煤层直接顶为砂质泥岩、粉砂岩，底板为泥岩。

综上，渭北石炭二叠纪煤田的各主采煤层的分布如表 1-1 所示。其中，受底板奥灰水威胁的仅为澄合矿区的 5# 煤、铜川矿区的 10# 煤和韩城矿区的 11# 煤。其中，铜川矿区的 10# 煤较薄，未大规模开采。因此，澄合矿区的 5# 煤和韩城矿区的 11# 煤为区内主要受奥灰水威胁的煤层。

表 1-1　渭北石炭二叠纪煤田主要可采煤层分布矿区及受奥灰水威胁情况

煤层	2#	3#	5#				10#	11#
分布矿区	韩城	韩城	铜川	蒲白	澄合	韩城	铜川	韩城
厚度/m	0.05~2.2	0.18~9.2	1.4~6.0	2.0~3.0	3.0~4.0	3.0~6.0	0.8~5.3	0.24~9.6
是否受奥灰水威胁	否	否	否	否	是	否	是	是

1.2.2.4　构造

目前,渭北石炭二叠纪煤田北为鄂尔多斯地块主体部分,具体如图 1-2 所示。整体上,研究区地层倾角平缓,煤层属于缓倾斜煤层(煤层倾角多小于 10°)。

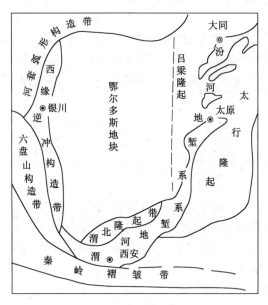

图 1-2　目前研究区大地构造位置示意图

1.3　研究现状

1.3.1　条件探查技术研究现状

与保水采煤相关的条件探查有很多,主要包括以下几点:

(1)查水资源赋存特征。由于含水层的非均质特性,不同的含水层中水资源赋存差异很大。例如,我国正常涌水量最大的井工矿井,正是在西北半干旱地区的锦界煤矿[9],且其相邻的矿井也都出现过涌水量远超正常预测值的情况。另外,煤炭开采对水资源转移的影响也十分复杂,需要查明采空区呆滞的水资源量等。这可为矿区水资源管理提供依据。

(2)查采煤引起的含隔水层变化情况。煤炭开采产生的裂隙场、位移场、应力场、应变场、沉降场等,会扰动水资源的补径排状态。需要对采煤导水通道、渗流边界条件变化进行探查,从而为评价采煤影响提供依据。

(3)查生态环境变化特征。生态环境受生态水位控制,煤炭开采会造成生态水位变化、包气带水变化、土壤结构变化等。需要对浅表水、土的变化进行探查,从而为生态环境保护提供依据。

依据条件探查的需要,国内专家学者开展了一系列的研究工作,主要包括野外地质调查、地球物理勘探、地球化学勘探、钻探及配套的水文和工程原位测试实验。但各种探查技术均有进一步研究的空间。野外地质调查一般是大尺度的研究,对区域地质条件有较好的探查效果,但具体指导单一采煤工作面的有关工作尚显不足。地球物理勘探成本低、实施速度快,但由于其多解性,准确率有待进一步提高。地球化学勘探能够定量探测,但由于地球化学勘探应用的局限性等,其应用并不广泛。钻探具有直接性和可靠性,是必须采取的一种技术,但由于"一孔之见"的问题和工期长、价格高等,不宜大规模实施。原位测试可以获取很多探查成果,具有定量性和真实性,但多需要配套钻孔实施,对钻孔环境有苛刻的要求,同样无法大规模实施。

综合以上分析,对上述探查技术,一般综合使用互为补充可有效改善探查效果。另外,需要对各种探查技术进行进一步的研究,以提高其准确率,降低费用,减少施工周期。为此,笔者所在研究团队自主研发或从其他行业引进了新型探查技术并用于实践,如第2章所示。

1.3.2 煤炭开采对水资源影响评价研究现状

煤炭开采对水资源的影响评价是一个复杂的问题,包括煤炭开采产生的多种场的变化规律及对区域水资源影响的评价方法[10-12]。主要包括以下几个方面:

(1)以工作面为尺度,评价煤炭开采对含水层、隔水层的影响。由于开采的煤层和含水层有不同的组合关系及开采方法的不同,开采扰动程度存在差异。这可为评价煤炭开采对区域水资源的影响提供依据。

(2)以大型矿区为尺度,评价煤炭开采对区域水资源的影响。由于含水层的边界条件及水理性质存在差异,且采煤扰动存在差异,煤炭开采对区域水资源的影响不同。这可为矿区水资源管理提供依据。

依据煤炭开采对水资源影响评价的需要,国内专家学者开展了一系列的研究工作,主要包括物理模拟、数值模拟、理论计算、地理信息系统叠置分析等。其中,物理模拟主要可以揭示工作面尺度范围内煤炭开采产生的裂隙场、位移场、应力场、应变场及沉降场的演化规律,而对渗流场的研究较为局限,无法模拟水文边界条件等。数值模拟软件有的可以模拟采煤扰动规律,有的可以模拟采动渗流规律,但对两者统筹考虑的较少。理论计算可以较好地对区域开采进行超前评价,但由于参数的限制无法刻画得十分精细。地理信息系统可以对海量的地质信息进行叠置分析,同时可以应用国内外最新的统计技术。但由于煤矿开发过程中信息源有限,统计学上的有效数据不足会使得该方法存在各种问题。

综上所述,评价技术各有优点,但均有进一步研发的空间。一般需要应用多种评价技术互为验证和补充开展评价工作,并积极推进建立数据库进行大数据的地理空间叠置分析。

1.3.3 保水采煤技术研究现状

保水采煤最早在原煤炭工业部"九五"重点科技攻关项目中被明确提出,在钱鸣高院士将其纳入绿色开采体系后[13-15],受到了广大科学研究和工程技术人员的关注。相关的保水采煤技术主要有两大体系:

(1)以保护可利用水资源量为出发点,主要开展矿井水处理与循环利用、采空区地下水库建设、含水层转移存储等主要技术手段研究[16-18]。由于地下水蒸发量减少,区域水资源趋向正均衡,区域可利用水资源量增加。通过人工干预,将存储的地下水资源用于生态修复、工业生产及农业灌溉。该技术取得了显著的效果,特别是在沙基型保水采煤地质条件下。

(2) 以保护生态水位为出发点,主要开展煤炭开采煤柱留设方法、保护层留设方法、充填开采等特殊开采方法及地表生态修复方法等方面的研究[19-21]。由于生态水位对地表生态有重要的影响,需要以此为阈值控制煤炭开采对水资源的影响。目前该技术取得了显著的成效,特别是在生态环境较好的区域。

随着"保水采煤"一词被正式写入煤炭行业绿色矿山建设标准中[2],相应的保水采煤技术得到了全面的研发。不同的采矿地质条件适用的保水采煤技术有一定的差异,需要具体情况具体分析。

1.4 关键问题

结合对研究现状的分析,需要在条件探查、采煤影响评价和保水采煤技术等方面进一步开展的研究如下:

(1) 低成本、高精度的条件探查技术的研发。

(2) 多场联动、耦合的采煤影响评价技术的研发。

(3) 有针对性的保水采煤技术的研发。

本书在以上方面进行有益的探索,以期为煤-水协调开采提供切实可行的技术体系。

2 探查技术与实践

探查主要是查天然及采动之后的区域工程地质和水文地质条件。本书主要介绍的探查技术有地质调查、地球物理勘探、原位测试和水文地球化学测试等。

2.1 地质调查技术与实践

地质调查的对象不同,应用的技术不同,但主要是通过水文地质现象的显现来获取相应的信息。

2.1.1 水文地质调查

由于受保护的主体是水资源,因此相应的地质调查工作是必须全面展开的。目前,主要涉及的水文地质调查有泉水的调查、民井的调查(钻孔水文遥测详见 2.2 节)、火烧岩的调查、沟道的调查、海子的调查及水文地质单元的水文系统调查。

2.1.1.1 泉水的调查实践

本次调查的区域为神南矿区。该矿区早在大规模开采之前就进行了系统的泉水调查。本次调查是在 2009 年 8—11 月开展的。调查时,神南矿区中小型煤矿已经开采多年,大型煤矿均正在开采第一个工作面。调查的结果如表 2-1 所示。

表 2-1 泉水流量调查结果[1]

编号	坐标/m		标高 /m	原泉编号	现流量 /(L/s)	原流量 /(L/s)	类型
	y	x					
q1	37 446 060	4 308 587	1 109	原泉 102	0.4	2.97	裂隙出水
q2	无法找到源头		—	原泉 84	3.82	4.06	砂层汇水
q3	37 433 815	4 308 800	—	原泉 29	0.717	7.734	砂层汇水
q4	37 443 693	4 311 208	1 147	原泉 65	5.618	11.209	人为抽排
q5	37 442 530	4 307 294	1 102	原泉 59	0.4	2.97	裂隙出水
q6	37 442 400	4 307 490	1 117	原泉 58	1.296	5.002	裂隙出水
q7	37 441 738	4 308 653	1 125	原泉 54	0.374	1.638	砂层汇水
q8	37 440 808	4 310 185	1 154	原泉 50	1.961	1.094	砂层汇水
q9	37 440 019	4 318 620	1 178	原泉 qz08	12.63	14.5	火烧岩出水
q10	37 445 876	4 315 583	1 093	原泉 3	干涸	1.243	砂层汇水

表 2-1(续)

编号	坐标/m		标高 /m	原泉编号	现流量 /(L/s)	原流量 /(L/s)	类型
	y	x					
q11	37 446 065	4 315 819	1 074	—	约 10	—	火烧岩出水
q12	37 434 939	4 311 278	1 193	原泉 19	32.26	3.922	砂层汇水
q13	37 433 746	4 312 892	1 210	原泉 17	0.1～0.2	2.172	砂层汇水
q14	37 433 440	4 312 991	1 207	原泉 18	约 0.06	1.094	砂层汇水
q15	37 432 218	4 314 369	1 229	原泉 12	4～5	5.618	砂层汇水
q16	37 431 185	4 318 896	1 248	原泉 25	8.03	2.899	砂层汇水
q17	37 431 089	4 319 039	1 239	原泉 23 和原泉 24	干涸	5.232	砂层汇水
q18	37 432 112	4 319 167	1 244	原泉 11	1.8	3.216	砂层汇水
q19	37 436 766	4 322 657	1 142	原泉 7	1.68	2.534	砂层汇水
q20	37 436 585	4 322 535	1 152	原泉 6	干涸	2.95	砂层汇水
q21	37 436 166	4 322 403	1 142	原泉 5	2.8	4.209	砂层汇水
q22	37 430 351	4 323 985	1 168	原泉 8	干涸	1.815	砂层汇水
q23	37 431 737	4 323 891	1 164	原泉 21	—	1.404	砂层汇水
q24	37 434 738	4 322 620	1 144	原泉 1	—	28.15	砂层汇水
q25	37 434 967	4 322 449	1 147	原泉 4	—	44.11	砂层汇水

由表 2-1 及其他地质调查成果可以看出：

（1）调查区绝大多数的泉水流量来自松散砂层。

（2）在煤炭没有被大量开采前,绝大多数泉水流量均有不同程度的衰减,甚至干涸(见图 2-1)。

图 2-1　泉水(已干涸)

（3）少量泉水流量有所增加,其中位于前杨家村和后杨家村之间的泉 q12 的流量有大幅度的增加(增加近 7 倍),说明泉水不仅仅受煤炭开采影响,还受其他因素的显著影响。

(4)区内泉水主要的类型是下降泉,说明其与地表水和潜水的关系密切,相关的示意图如图 2-2 和图 2-3 所示。

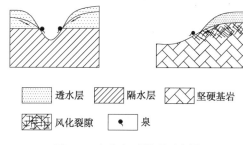

透水层　　隔水层　　坚硬基岩

风化裂隙　　泉

图 2-2　泉水主要类型示意图

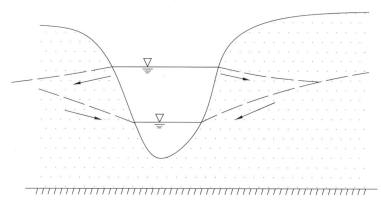

图 2-3　泉水与地表水的关系示意图

(5)首次开采的大型工作面一般距离火烧岩较近,火烧岩的水资源十分容易受影响。针对红柳林煤矿首采工作面附近的泉水调查结果如表 2-2 所示。由表 2-2 可知,红柳林煤矿敖包沟以东工作面回采漏失水明显,而敖包沟以西(泉 84)水资源受工作面回采影响不大。

表 2-2　红柳林煤矿首采工作面附近泉水流量调查表　　　　　　单位:L/s

编号	泉 105	泉 102	泉 97	泉 84(敖包沟以西)
首采工作面回采前泉水流量	2.472	2.97	1.519	3.92
首采工作面回采后泉水流量	消失	0.4	消失	3.82

2.1.1.2　民井的调查实践

本次调查的区域为榆横矿区的榆阳煤矿。榆阳煤矿距离榆林市约 12 km,距离榆林市两大供水水源地之一的红石峡水库约 7 km。特殊的地理位置决定了榆阳煤矿必须面临煤炭开采和水资源保护的协调问题。2005 年以前,榆阳煤矿以房柱式开采为主,年产量约 0.15 Mt,矿井涌水量较小,2005 年以后榆阳煤矿先后两次扩大年产量至 3 Mt,采煤方法也逐步转变为长壁综采,伴随着年产量的大幅度提高,矿井涌水量显著增加(见图 2-4)[22]。更大规模的煤炭开采是否会剧烈影响周围的水资源赋存状况,矿井涌水量大幅度增加的水源是什么,如何选择协调煤炭资源开采和水资源保护的保水采煤技术体系等一系列问题亟待深入研究。

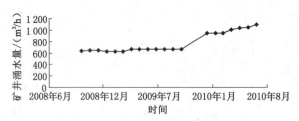

图 2-4　矿井涌水量

由于基岩厚度较大,煤炭开采是否会对松散层潜水直接产生影响无法直接判断,因此在2011 年对矿区内的主要民井进行了野外地质调查。

（1）井 1

该井坐标为(37 379 853 m,4 248 943 m),位于 2304 长壁综采工作面正上方,原取水层位是松散层,调查时已经干涸 3 a,井深 5 m。

（2）井 2

该井坐标为(37 380 173 m,4 250 124 m),位于 2308 长壁综采工作面正上方,原取水层位是松散层,调查时已经干涸 1 a,井深 7 m,如图 2-5 所示。

（3）井 3

该井坐标为(37 380 283 m,4 250 116 m),位于 2306 长壁综采工作面正上方,原取水层位是风化基岩层,在工作面初期开采时曾经一度干涸,调查时水位已经恢复到一定高度,可以取水,井深 10 m 以上。

（4）井 4

该井坐标为(37 378 738 m,4 249 496 m),距离最近的长壁综采工作面约 1 200 m,原取水层位是松散层,在 9—10 月期间 3 次测量水位均稳定在 10.75 m,可以取水,水量较大,井深 10 m 以上,如图 2-6 和图 2-7 所示。

图 2-5　干涸的井 2

图 2-6　未受影响的井 4

（5）井 5

该井坐标为(37 382 555 m,4 249 972 m),距离最近的长壁综采工作面约 500 m,原取水层位是松散层,可以取水,但水量略微变小,无法观测水位(说明 500 m 在影响范围之

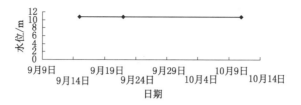

图 2-7　井 4 在 9—10 月的水位

内),井深 10 m 左右。

(6) 井 6

该井坐标为(37 382 555 m,4 249 995 m),距离最近的长壁综采工作面约 500 m,原取水层位是松散层,可以取水,但水量略微变小,在 9—10 月期间多次测量水位稳定在 3.18~3.2 m,井深 10 m 左右,如图 2-8 和图 2-9 所示。

图 2-8　受轻微影响的井 6

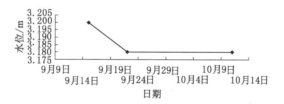

图 2-9　井 6 在 9—10 月的水位

(7) 井 7

该井坐标为(37 379 135 m,4 248 960 m),位于 2304 长壁综采工作面正上方,原取水层位是风化基岩层,可以取水,在 9—10 月期间多次测量水位均稳定在 8 m,井深 17 m 左右,如图2-10 所示。

2.1.1.3　火烧岩的调查实践

火烧岩作为陕北侏罗纪煤田特有的岩层,一方面可能造成煤层尖灭,另一方面可能造成水害及水资源漏失。

为此,需要开展有关火烧岩的地质调查工作。张家峁煤矿是火烧岩十分复杂的区域,有 2^{-2} 煤、3^{-1} 煤、4^{-2} 煤和 5^{-2} 煤火烧区,相关的水资源如图 2-11 所示。通过进一步的野外地质调查,发现该火烧岩有以下几点特征[23]:

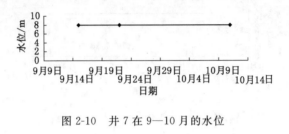

图 2-10　井 7 在 9—10 月的水位

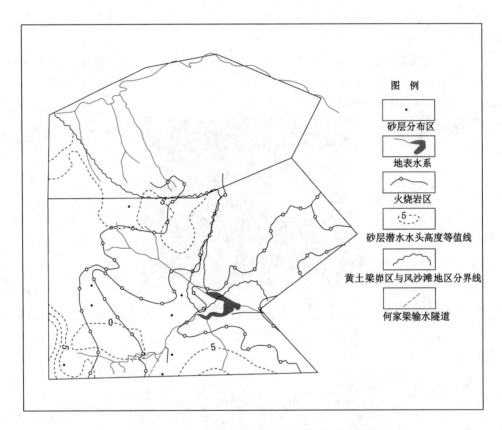

图 2-11　张家峁煤矿水资源分布(2009 年调查结果)

　　(1) 分布范围广。以神南矿区张家峁煤矿为例,火烧区分布范围十分广阔,面积达到 24.59 km²,约占井田面积的 47%,如图 2-12 所示。

　　(2) 边界不规则。火烧区边界包括垂向边界和平面边界。其中,垂向边界主要反映火烧区厚度,该厚度受煤层厚度及自燃程度影响表现出不一性;平面边界则由于各种古地理地貌、古环境及历史自燃事件的多元关系,十分不规则。一般通过井上下地质调查结合物探成果综合剖析火烧区边界,相关的物探技术应用见 2.2 节。

　　(3) 富水性变化大。火烧区作为裂隙介质受火烧事件影响表现为裂隙发育程度不同,渗透性不一致。另外,受不同补给条件的影响,富水性差异巨大。一般通过井上下地质调查结合物探成果综合剖析火烧区富水性。

2.1.1.4　沟道的调查实践

　　陕北侏罗纪煤田在黄土梁峁地貌下沟壑纵横、切割十分复杂,形成了大量的沟道(见

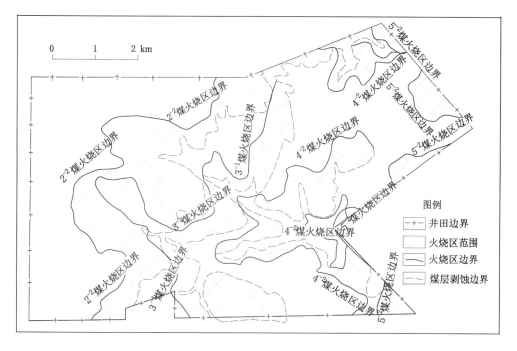

图 2-12 张家峁煤矿火烧区分布范围

图 2-13）。这些沟道在常规条件下是干涸的,但在雨季多形成季节性河道对煤矿产生水害威胁。为此对沟道进行相应的调查,调查结果如表 2-3 所示。由表 2-3 可以看出:

图 2-13 黄土梁峁中的沟道

表 2-3 神南矿区部分黄土覆盖区沟道调查结果

沟道名称	沟道长度/m	汇水面积/m²	主沟道坡降	流经地段首采煤层
乌兰布拉沟	2 626	8 212 349	0.029 44	2⁻²、3⁻¹、4⁻²
上房沟	1 693	1 516 219	0.046 07	2⁻²、3⁻¹
贺家窑沟	2 728	1 864 361	0.042 52	2⁻²、3⁻¹、4⁻²
木瓜树沟	1 688	830 209	0.060 06	3⁻¹、4⁻²

表 2-3(续)

沟道名称	沟道长度/m	汇水面积/m²	主沟道坡降	流经地段首采煤层
陈家塔沟	2 462	2 512 848	0.045 25	3⁻¹、4⁻²、4⁻⁴、5⁻²
南沟	4 809	7 763 269	0.038 89	3⁻¹、4⁻²、5⁻²
李家沟南沟	1 709	2 256 513	0.033 35	4⁻²、4⁻³、5⁻²
李家沟北沟	1 453	796 023	0.048 86	5⁻²
赵仓峁沟	1 645	848 118	0.059 57	4⁻³、5⁻²
赵仓峁南沟	1 749	980 392	0.062 63	5⁻²
王家沟东沟	2 326	1 290 091	0.045 71	4⁻²、5⁻²
王家沟西沟	2 121	947 473	0.044 57	4⁻²、5⁻²
乔家沟	3 249	2 283 057	0.033 98	4⁻⁴、5⁻²
老来沟	5 040	5 654 585	0.018 83	2⁻²、3⁻¹、4⁻²
柳梢沟	1 387	649 493	0.036 05	4⁻²
黑圪垯沟	2 138	1 194 832	0.037 40	4⁻²
石岩畔沟	1 720	1 471 133	0.059 30	4⁻²、4⁻⁴、5⁻²

（1）沟道长度相近，主要集中在 2 000 m 左右，一般穿越多个采煤工作面，即大量采煤工作面普遍受沟道洪水威胁。

（2）汇水面积较大，由于黄土入渗相对有限，一般汇水量巨大，对采煤工作面影响严重。

（3）沟道坡降较大，诱发的沟道洪水流速较快，容易积累更高的洪水位，即涌入采空区水量更大。

（4）受威胁煤层多，由于当前开采煤层多为浅埋煤层，不同开采时期均有不同的沟道洪水威胁。

2.1.1.5　海子的调查实践

陕北侏罗纪煤田所属地区人民主要利用的是地表水，其中海子作为小区域赋存的水资源，水量虽然不大，但直接决定一个小范围内的人民生活用水。以榆横矿区榆阳煤矿为例，在 2011 年开展了井田范围内海子的调查。

该井田范围内虽然没有大规模的水库赋存，但野外地质调查发现有 7 个四季长存的海子和 1 个暂存的海子，部分海子之间有水渠沟通，对周围的农田有直接的灌溉作用。现对这8 个海子赋存状态分述如下：

（1）方园海子

方园海子坐标为(37 383 200 m,4 247 850 m)，标高为 1 129 m，位于井田东南角，距离最近的房采工作面约 200 m。其水量较煤炭大规模开采以前有明显的增加，主要是煤矿大规模开采后的水排放所致，水体半透明，如图 2-14(a)所示。

（2）臭海子

臭海子坐标为(37 382 400 m,4 248 200 m)，标高为 1 131 m，位于井田东南角，位于1311 房采工作面正上方。其水量较煤炭大规模开采以前没有发生显著的变化，水体半透明，水质变化与煤炭开采无直接关系，如图 2-14(b)所示。

（3）保柱海子

保柱海子坐标为(37 382 250 m,4 247 900 m),标高为 1 130 m,位于井田东南角,矿井工业广场附近。其水量(有部分水体已经被人工填平,其余部分有一定的水量赋存)较煤炭大规模开采前变小,水体半透明,水质变化与煤炭开采无直接关系,如图 2-14(c)所示。

(4) 米家滩 1 号海子

(a) 水量增加的方园海子

(b) 水量基本不变的臭海子

回填部分 　　　　　　　　　　残存海子

(c) 部分被回填的保柱海子

(d) 被农药污染的米家滩 1 号海子

图 2-14　调查时海子的赋存状态

（e）被农药污染的米家滩2号海子

（f）完全干涸的2301工作面正上方海子

（g）基本未受影响的康家伙场海子

（h）雨后暂存的无名海子

图 2-14（续）

米家滩1号海子坐标为(37 382 980 m,4 249 100 m),标高为1 129 m,位于井田东部,1320房采工作面正上方。其水量较煤炭大规模开采以前基本没有变化,并与米家滩2号海子通过水渠联系,水体半透明,水质变化与煤炭开采无直接关系,主要为农药污染,如图 2-14(d) 所示。

（5）米家滩 2 号海子

米家滩 2 号海子坐标为(37 383 180 m,4 249 060 m),标高为 1 128 m,位于井田东部,距离 1320 房采工作面东 150 m。其水量较煤炭大规模开采以前基本没有变化,并与米家滩 1 号海子通过水渠联系,水体半透明,水质变化与煤炭开采无直接关系,主要为农药污染,如图 2-14(e)所示。

（6）2301 长壁综采工作面正上方海子

2301 长壁综采工作面正上方海子坐标为(37 380 150 m,4 248 650 m),标高为 1 160 m,位于井田西部。该海子在煤炭大规模开采以前水量不大,在调查时已经完全干涸,周围房屋开裂明显,如图 2-14(f)所示。

（7）康家伙场海子

康家伙场海子坐标为(37 380 050 m,4 248 040 m),标高为 1 161 m,位于井田南部,距离 2301 长壁综采工作面南部 600 m。该海子在煤炭大规模开采以前水量不大,在调查时水量基本没有变化,如图 2-14(g)所示。

（8）雨后暂存的无名海子

该海子坐标为(37 382 936 m,4 249 158 m),标高为 1 128 m,位于井田东部米家滩境内,1320 房采工作面上方,水体半透明,为雨季暂存的海子,以前未见有观测成果,如图 2-14(h)所示。

综合以上分析可以看出:煤炭开采产生的导水裂缝带没有直接沟通的区域地表海子也会发生变化;而井下汇集的水资源排放到地表会造成海子水量增加;另外,海子的水质受地表人类活动影响显著。调查区矿井水水质良好,可以支撑区域生态环境,且该地区没有发生地方病。

2.1.1.6　水文地质单元的调查实践

前述对各水文单一要素的调查可以获取相应的水文信息,但地下水是一个有机的整体,需要对区域水文地质单元进行调查。

（1）神南矿区水文地质单元

神南矿区水系统主要包含两大部分,即地下水(包含萨拉乌苏组含水层潜水、火烧岩含水层水、基岩含水层水以及矿井水)和地表水(包含河流、水库及海子中的水)。其中关于地下水部分,根据神南矿区水文地质勘查和生产实践所获得的认识为:在神南矿区地形地貌的控制下,神南矿区萨拉乌苏组含水层可以划为同一个水文地质单元,其边界条件如下所述;各井田火烧岩含水层可以分别独立划分为一个小的水文地质单元,其边界条件如下所述;基岩含水层未能构成独立完整的水文地质单元,其边界条件如下所述。

① 矿区萨拉乌苏组含水层边界条件

神南矿区萨拉乌苏组含水层水文地质边界条件如表 2-4 所示。

补给边界:神南矿区西部地貌为沙丘地,连续且厚度较大(一般为 20 m)的砂层出露地表,且下伏离石组黄土和保德组红土是良好的地下水储层,直接接受大气降水补给。在雨季地下潜水位上升明显,且在雨季到来一段时间后,泉水排泄量也明显增大。神南矿区往西不远处就是陕西省最大的沙漠湖泊——红碱淖(见图 2-15),该区域的砂层富水性强;同时,神南矿区内最大的三条河沟中的芦草沟(为麻家塔沟的主要支流)和考考乌素沟均发源于矿区的西部,那里泉眼密布、水量丰富。

表 2-4   神南矿区萨拉乌苏组含水层水文地质边界条件

边　　界		边界构成特征
补给边界	西部侧向补给边界	毛乌素沙漠前滩潜水侧向补给
	区内垂向补给边界	矿区内降水入渗及少量凝结水补给
排泄边界	东部排泄边界	萨拉乌苏组含水层潜水以下降泉的形式在低洼处向东部排泄,并汇入窟野河
	区内矿井排泄边界	煤炭开采造成萨拉乌苏组含水层潜水通过导水裂缝进入矿井
隔水(分水岭)边界	南部分水岭边界	矿区南部为常家沟、考考乌素沟和麻家塔沟的分水岭
	北部隔水边界	矿区北部为黄土高原,将黄土层出露处视为隔水边界

另外,神南矿区昼夜温差较大,有十分微弱的凝结水补给。但即使在凝结水补给较强的月份地下水位变化也不明显,因此凝结水的补给仅对沙地植物的生长有意义,而对矿区水系统的补给有限。

隔水(分水岭)边界:神南矿区北部为黄土梁峁地貌(见图 2-16),黄土层厚度有 40 m 左右,隔水性能十分明显。矿区降雨多以暴雨形式集中出现,因该区域没有较好的控水地层,降雨多沿沟壑汇集径流及蒸发,其年蒸发量高达 1 700 mm。

图 2-15   矿区以西沙漠湖泊——红碱淖　　　　　图 2-16   矿区北部黄土梁峁

神南矿区南部为常家沟、考考乌素沟和麻家塔沟(见图 2-17)的分水岭边界,其中矿区西南部为萨拉乌苏组含水层潜水在考考乌素沟流域和麻家塔沟流域的分水岭,而东南部为萨拉乌苏组含水层潜水在常家沟流域和麻家塔沟流域的分水岭。

排泄边界:接受大气降雨补给的西部风沙滩地区的萨拉乌苏组地下径流受古地理地形控制,最终以泉的形式排泄于地势低洼的河沟(见图 2-18)。矿区内地表径流的主要方向是自西向东,最终汇于黄河的支流窟野河。

另外,随着煤炭资源的开采,导水裂缝带波及含水层,甚至导穿地表形成导水通道,成为矿区的又一主要排泄边界(见图 2-19)。3 个煤矿的矿井涌水量更是相当可观,据勘探阶段的预测,多个工作面同时推进时涌水量分别为:红柳林煤矿 300～500 m³/h,柠条塔煤矿300 m³/h左右,张家峁煤矿最小,为 150 m³/h 左右。

② 矿区火烧岩含水层边界条件

神南矿区内主要的火烧岩含水层零星分布在柠条塔井田考考乌素沟以南、张家峁井田

图 2-17　矿区南部麻家塔沟流域　　　　　　图 2-18　矿区东部敖包沟流域

图 2-19　矿区内煤炭开采形成的导水通道

中西部带状火烧区以及红柳林井田东部 5^2 煤火烧区。这些富水火烧岩含水层的边界条件特征如表 2-5 所示。

表 2-5　神南矿区火烧岩含水层水文地质边界条件

边　界		边界构成特征
补给边界	西部侧向补给边界	萨拉乌苏组含水层潜水补给
	垂向补给边界	矿区内降水入渗补给
排泄边界	东部低洼处排泄边界	以下降泉的形式在低洼处排泄
	区内矿井排泄边界	煤炭开采造成火烧岩含水层水通过导水裂缝进入矿井
混合边界	围岩(完整砂岩)弱透水边界	火烧岩含水层水通过裂隙不发育的延安组弱透水砂岩缓慢渗流至基岩含水层

　　补给边界:火烧岩主要接受萨拉乌苏组含水层潜水的侧向补给和大气降水的垂向补给。由于火烧岩含水层潜水位明显低于萨拉乌苏组含水层潜水位,因此主要由萨拉乌苏组含水层潜水补给火烧岩含水层,即总体上西部为火烧岩含水层补给边界。

　　另外,由于存在火烧岩直接出露地表的现象,所以也存在大量的大气降水的垂向补给。

　　排泄边界:火烧岩含水层的天然排泄边界为低洼处(河沟分布处),而矿区内河沟主要径流方向为自西向东,仅红柳林井田内的 3 个主要地表水系为自西北向东南径流,汇入麻家塔沟后向东径流,因此,矿区火烧岩含水层的排泄区域总体为东部。如柠条塔井田火烧区水排泄于考考乌素沟,张家峁井田火烧区水排泄于常家沟,红柳林井田火烧区水排泄于敖包沟(见图2-20)。

图 2-20 矿区内火烧区水的排泄

另外,随着煤炭资源的开采,大量的火烧岩含水层水进入矿井,造成火烧岩含水层水位剧烈下降,如小煤窑开采造成柠条塔井田火烧岩含水层水位大幅度下降。这说明矿井已经成为火烧岩含水层的又一主要排泄边界。

混合边界:在火烧岩含水层水位埋深范围内,围岩多为完整的砂岩,其天然渗透性较差,渗透系数为0.000 269~0.044 m/d,为弱透水边界。因此,围岩可以视为混合边界,火烧岩含水层水以浸润形式补给周围砂岩含水层。

③ 矿区基岩含水层边界条件

矿区内基岩中仅风化基岩较为富水,其中安定组、直罗组岩层的风化程度比延安组岩层严重。在地表和浅埋区,剥蚀残留厚度0.58~101.60 m,一般30.00 m左右,含水层厚度10.00~33.76 m,一般20.00~30.00 m。由于在整个神府煤田中基岩普遍发育和连通,其含水层补给源主要为潜水及地表水[地表水侧向补给于矿区最低点考考乌素沟沟谷(标高942.20 m)等位置],而除矿井外其含水层天然排泄边界在矿区内不能完全确定,因此研究区基岩含水层不能构成独立的水文地质单元。

(2)榆阳矿区水文地质单元

关于榆阳矿区的地下水部分,根据矿区的水文地质勘查和生产实践所获得的认识为:在矿区地形地貌的控制下,矿区风积沙和萨拉乌苏组共同构成的砂层潜水含水层可以划为同一个水文地质单元,其边界条件如表2-6和图2-21、图2-22所示。

表 2-6 榆阳矿区砂层潜水含水层水文地质边界条件

边 界		边界构成特征
补给边界	西部侧向补给边界	毛乌素沙漠前滩潜水侧向补给
	北部侧向补给边界	毛乌素沙漠前滩潜水侧向补给
	区内垂向补给边界	矿区内降水入渗及少量凝结水补给
排泄边界	东南部排泄边界	砂层潜水以下降泉的形式于芹河处向东南部排泄,并最终汇入榆溪河
	区内矿井排泄边界	煤炭开采造成砂层潜水通过剪切带越流进入矿井
	东部排泄边界	矿区东部为松散层的排泄边界

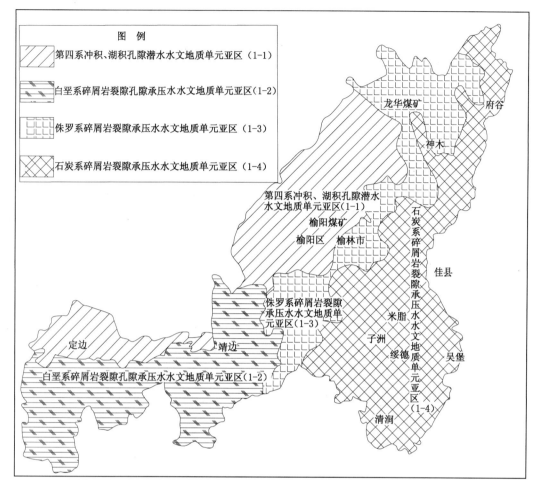

图 2-21　区域水文地质单元划分图

① 补给边界

矿区西部和北部地形地貌为风沙滩地（见图 2-23）。连续且厚度较大（一般为 20 m）的砂层出露地表，抽水试验显示其富水性强，是良好的地下水储层，直接接受大气降水补给。在雨季地下潜水位上升明显。

另外，矿区昼夜温差较大，有十分微弱的凝结水补给，但即使在凝结水补给较强的月份地下水位变化也不明显，因此凝结水的补给仅对沙地植物的生长有意义，而对矿区水系统的补给有限。

② 排泄边界

矿区东部为榆溪河和红石峡水库，砂层潜水主要往东南部径流，对榆溪河和红石峡水库有一定的直接补给作用。因此榆溪河和红石峡水库可视为砂层潜水含水层的排泄边界。红石峡水库如图 2-24 所示。

接受大气降雨补给的西部和北部风沙滩地区的砂层地下径流受古地理地形控制，最终排泄于东部地势低洼的芹河。矿区内地表径流的主要方向为自西北向东南，最终汇于无

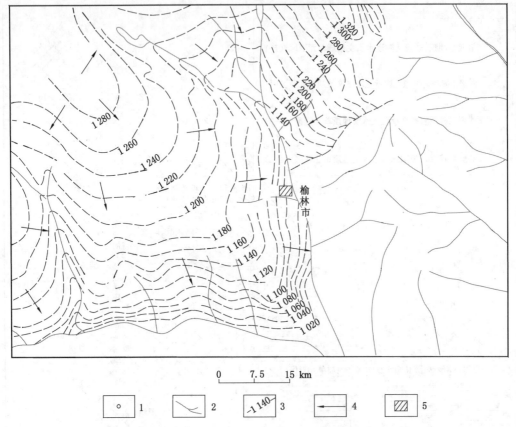

1—居民地；2—水系；3—等水位(标高)线；4—地下水流向；5—井田范围。

图 2-22　区域第四系潜水等水位线图

图 2-23　风沙滩地

图 2-24　红石峡水库

定河。

　　另外，随着煤炭资源的开采，导水裂缝带虽然没有直接波及含水层，但砂层潜水在一定范围内亦受地表拉张裂隙和离层的影响，有缓慢渗流的趋势，因此矿井成为又一主要排泄边界。矿井涌水量相当可观，为 1 100 m³/h 左右。

2.1.2 塌陷区地质调查

煤炭开采后会形成地表塌陷区,地表塌陷区具体的调查技术与实践如下。

2.1.2.1 地裂缝地质调查

煤炭开采造成的导水裂缝带对水资源有影响早有共识,而近年来有学者提出"下行裂隙"对水资源和生态环境影响较大。因此,在《建筑物、水体、铁路及主要井巷煤柱留设与压煤开采规范》的基础上[24],对陕北侏罗纪煤田的(近)浅埋煤层开采条件下的地裂缝进行进一步的研究。

神南矿区柠条塔煤矿开采的煤层数量众多,地形地貌复杂多变,因此在研究区内有一定的代表性。为此在柠条塔煤矿开展了塌陷区地裂缝发育调查工作。

(1)单一煤层开采地裂缝调查

① 调查区概况

柠条塔煤矿 N1110 工作面地表为黄土梁峁沟壑区,冲沟发育,地形破碎。N1110 工作面开采 1^{-2} 煤,煤层倾角小于 1°,地质构造简单。该工作面煤层平均厚度 1.92 m;顶板为细砂岩,厚 3.43~12.16 m;底板为粉砂岩或泥岩。

② 调查结果

通过野外地质调查主要有以下的认识:首先,地裂缝可以分为两组,一组平行于煤炭开采方向(如图 2-25 所示组合成台阶状),另外一组垂直于煤炭开采方向。其次,地裂缝的发育深度有一定的起伏,但总体小于 5 m。然后,地裂缝的开度一般在 0.1 m 左右,但在开切眼和停采线附近约为 0.5 m。最后,地裂缝受地形地貌控制,在地形起伏较大的区域地裂缝发育深度和开度有所增加,黄土区域地裂缝发育深度和开度较风积沙区域有所增加。

图 2-25 黄土梁峁区地裂缝

(2)多煤层开采地裂缝调查

① 调查区概况

图 2-26 为 N1114 与 N1206 工作面叠置区地裂缝分布示意图。

② 调查结果

通过野外地质调查主要有以下的认识:首先,地裂缝的分组与单一煤层开采相似。其次,地裂缝的发育深度较单一煤层开采有一定的增加,表现出叠加特性。然后,地裂缝的开度较单一煤层开采也有一定的增加,亦表现出叠加特性。最后,首先形成的第一个工作面的

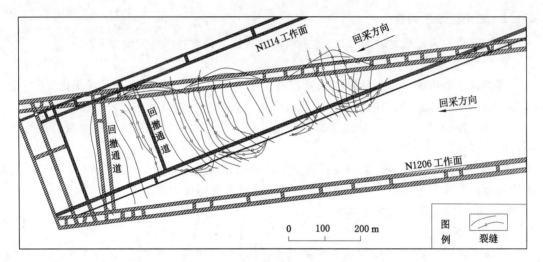

图 2-26 N1114 和 N1206 工作面叠置区地裂缝分布示意图

采煤地裂缝会在第二个工作面回采时进一步发育。

2.1.2.2 生态环境地质调查

生态脆弱矿区的生态环境调查分为两个阶段,第一阶段是煤炭开采前的生态环境基本特征调查,第二阶段是煤炭开采后的生态环境退化特征调查。下面以榆阳煤矿为例,调查结果如下。

(1) 煤炭开采前的生态环境基本特征调查

榆阳煤矿在 2011 年的开采区域主要位于榆林市榆阳区榆溪河以西,小纪汗乡蒜皮滩—米家滩一带。小纪汗乡位于毛乌素沙漠南缘,距榆林城区 23 km。井田内主要分布的居民点(村庄)与各个工作面的关系和整体分布特征论述如下。

① 米家滩

米家滩居民点位于井田东北部,萨拉乌苏组出露于此,主要赋存两个海子(米家滩 1 号海子和米家滩 2 号海子),建筑物下煤炭绝大部分没有开采,整体没有明显扰动痕迹,乔木和庄稼生长正常,冠数等参数均没有发生明显的变化。

② 奚家伙场

奚家伙场居民点位于井田南部,出露有萨拉乌苏组或午城组黄土,附近没有海子,距离长壁综采工作面 400 m 以上,建筑物下煤炭没有开采,没有房屋开裂和潜水位下降现象。

③ 榆乌路两旁

榆(榆林)乌(乌审旗)路两旁有大量商用建筑物,建筑物下为巷道掘进区域或房柱工作面开采区域,建筑物未开裂,多以民井和自来水供水,生态环境良好。

④ 风积沙地区

风积沙地区建筑物分布极少,人迹罕至,生态环境良好,以沙柳、沙蒿为主。

综上,矿井及附近区域居民点的分布特点可概括为:居民点多集中于萨拉乌苏组或午城组黄土出露处,而风积沙地区人迹罕至。

天然生态环境主要受地形和地貌影响,主要特征如下:

根据野外地质调查结果发现,矿井所在区域农牧业受地貌影响明显。沙丘地土壤质地较差,农作物难以生长,且地下水埋深较大,因此多生长草本和灌木类植物,多为牧区(见

图 2-27）；滩地土壤为萨拉乌苏组粉砂土、亚黏土和黄土，质地明显好于沙丘地，且滩地地下水埋藏较浅，因此多以种植耐旱的玉米为主（见图 2-28）；侏罗系安定组出露处，上层有薄层的松散层分布，土壤质地较好，一般可以种植玉米等农作物。

图 2-27　沙丘地貌中的牧区　　　　　　　图 2-28　滩地中的玉米

　　矿井所在区域植被分布受地貌控制明显。沙丘地的植被以草本和灌木类为主，主要分布在矿区的北部和西部地区（见图 2-29）；萨拉乌苏组出露区域除草本和灌木类以外，还赋存一定的乔木，主要分布在井田南部地区（见图 2-30）；黄土地区亦是草本、灌木及乔木混合分布区。

图 2-29　沙丘地中的柠条　　　　　　　图 2-30　萨拉乌苏组出露处的乔木

　　此外，植被的分布还受地形及潜水位控制，汇水的地形植被生长旺盛，潜水位较浅处有乔木赋存。

　　另外，植被生长状况很大程度上取决于浅部土壤质地和含水量，在长期灌溉条件下，干旱地区的植被生长明显旺盛，如井田东北部的植被，长期接受水资源灌溉，较周围未灌溉的植被生长旺盛（见图 2-31）。

　　（2）煤炭开采后的生态环境退化特征调查

　　① 安定组出露的某伙场

　　该伙场位于井田西部侏罗系安定组出露的区域，附近没有海子赋存，建筑物下煤炭已经被 2304 长壁综采工作面完全回采。该区没有砂层潜水，仅赋存 1～2 m 厚的风积沙，因此采

图 2-31　灌溉的沙地公园植被赋存情况

动后风积沙含水层干涸,对生态有一定的影响。

②　康家伙场

康家伙场位于井田南部,有萨拉乌苏组直接出露,区内仅有一个海子赋存(详见 2.1.1 小节康家伙场海子),建筑物下煤炭没有开采且距离最近的 2301 长壁综采工作面有 300 m,因此房屋没有拉裂现象。该区有砂层潜水,采矿未对其造成影响。

③　某寺庙

某寺庙位于井田西北部,有第四系风积沙出露,为沙丘地貌,附近没有海子,在 2306、2308 长壁综采工作面对应地表的中部,建筑物下除留设的煤柱外绝大多数煤炭已被开采。寺庙中有两口井:一口井深至砂层潜水,在煤炭开采后水位一直没有恢复;另外一口井深至风化基岩,在煤炭开采后一段时间内干涸,但几个月后可以打水供日常使用,且水量持续增长。

④　驾校

驾校位于井田中部榆乌路旁,内有少量建筑物,部分建筑物位于 2304 长壁综采工作面上方,建筑物整体受影响不明显。驾校内用水正常,水量略有减小。

综上,煤炭开采后的生态环境退化特征可以概括为:

①　居民居住的房屋仅部分存在开裂现象(集中于距离长壁综采工作面 200 m 范围以内,400 m 以外几乎不受影响,而长壁综采工作面正上方房屋多已经拆迁),其余没有受影响。

②　居民点用水多取于砂层潜水或地表海子,少量取至风化基岩。长壁综采工作面推过后,工作面正上方海子消失,400 m 以外受影响不大;长壁综采工作面正上方砂层受开采影响水位明显下降或消失,风化基岩亦受影响,但存在逐步恢复的趋势。

2.1.2.3　地表沉陷地质调查

煤炭开采造成地表沉陷,地表沉陷的岩移参数等均需要开展地质调查观测获取。以一个采煤工作面为例,地表沉陷观测的步骤为:控制点布设、实地测线布设、观测点的增设、观测点实地标定、观测。其中,布点如图 2-32 所示,相关仪器如图 2-33 所示。

2.1.3　井巷揭露调查

井巷可以连续揭露一系列地层,因此在井巷揭露的范围内通过素描可以获取一定的岩溶发育、构造发育、含水层特性等信息。

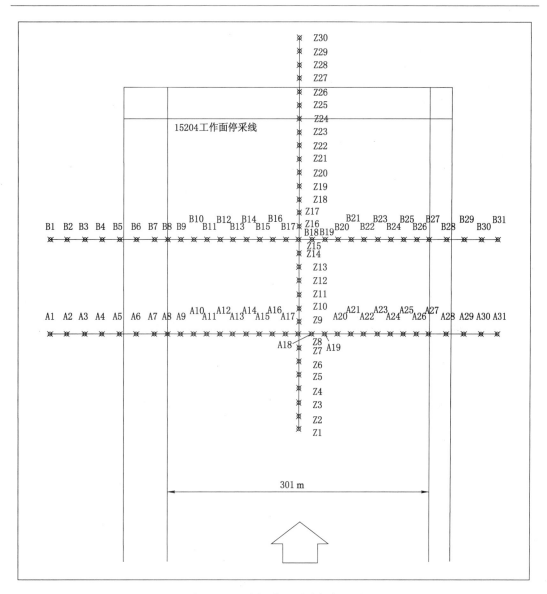

图 2-32 地表沉陷观测测点布置图

图 2-33 静态 GPS

2.1.3.1 澄合矿区

溶蚀孔隙裂隙是澄合矿区主要的岩溶形态,由溶蚀、溶蚀-侵蚀、溶蚀-构造等岩溶作用形成,可发育于灰岩裸露区。钻进过程中钻孔岩芯显示,溶蚀孔隙裂隙稀疏分布。其中,溶蚀孔隙宽度一般为 2～5 mm,最大为 30～40 mm,为不规则细脉状、网状,具方解石充填;溶蚀裂隙宽度相对较宽,一般为 0.01～0.1 m,最宽者可达 1.5～2.0 m,长度不等,一般为 1～3 m,而最长可达百余米。溶蚀裂隙一般上大下小,呈楔形,如董家河煤矿副斜井、水泵房、水仓通道等发育的溶蚀裂隙(见表 2-7)。在碳酸盐岩埋藏区,溶蚀裂隙发育主要受构造影响,在构造发育方位——北东和东西向,溶蚀裂隙十分发育,且成群成带分布。

表 2-7　董家河出水点通道特征表

出水点位置	出水层位	出水量/(m³/h)	突水通道	
			性质	走向
候车室通道	奥灰岩	110	裂隙-孔隙	NW80°
水泵房	奥灰岩	110～130	裂隙-孔隙	NW85°
水仓迎头	奥灰岩	150	裂隙-孔隙	NW70°
水仓通道	奥灰岩	36	裂隙-孔隙	NW85°
副井筒	奥灰岩	111.5～136	裂隙-孔隙	NE 向与 NWW 向交汇处

溶洞多呈半圆形、扁形和半球形,主要通过溶蚀-侵蚀作用结合溶蚀-构造作用形成。溶洞大小一般为 1.5～5 m,最大者约 10 m。据区域资料,溶洞多见于权家河煤矿副立井井底车场和澄合二矿立井绕道等位置(见图 2-34 和图 2-35)。部分溶洞被充填,尤其在古岩溶期形成的溶洞,规模小并被充填。

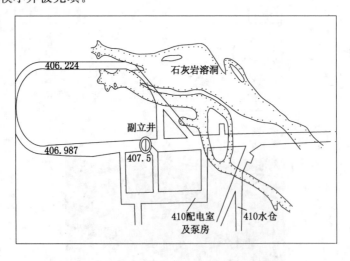

图 2-34　权家河煤矿副立井井底车场溶洞实测图

溶孔则主要发育于不同岩性地层的层面接触区段,纯碳酸盐岩和不纯碳酸盐岩接触面易于发育溶孔类型的岩溶。溶孔一般呈密集分布或串珠状出现,为重要的含水段和导水通道。

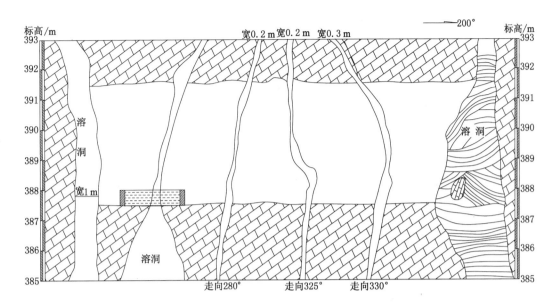

图 2-35 澄合二矿立井绕道剖面图

2.1.3.2 韩城矿区

(1) 1976 年 5 月 9 日,1# 胶带斜井掘进 555 m 时,在奥灰岩中遇到产状为 NW60°、NE85°的断层,断层带宽 0.4 m,为钙质、泥质及石灰岩碎块充填。初期左帮底出水,出水量 2~3 m³/h。爆破后,水量剧增,有水喷出,涌水量 1 530 m³/h,井筒被淹没 319.3 m,贮水 5 600 m³,致使 1# 胶带斜井报废,浪费投资 88 万元,影响工期 1 a。

(2) 1976 年 11 月 11 日,5# 斜井 280 车场北掘进头掘进 44.4 m 时,进入奥灰岩中顶面以下 10 多米,遇到两组产状为 NW70°、SW85°和 NW50°、NE84°的裂隙,有滴水现象。掘进 84.80 m 时,两炮眼发生突水,炮眼深 1.20 m,涌水量 80.00 m³/h,后用木楔堵住炮眼。

2.1.3.3 沙梁煤矿

沙梁煤矿位于神府矿区,是陕北侏罗纪煤田为数不多的受构造影响的矿井(见图 2-36)。沙梁煤矿地处区域构造带内,煤层被大到上百米、小到二三米的断层切割得支离破碎;断层两侧的煤层落差常在 5~30 m 之间。为了更好地布置工作面,提高煤炭回收率,保障矿井安全生产,有必要开展沙梁煤矿煤层构造分布精细化探查。然而由于研究区影响煤层开采的断层破碎带不显著、落差小、规模有限,常规物探仅可以探查到少部分断层。因此,该矿主要通过井巷及钻孔超前探查断层,探查到的多为无破碎带的断层。

2.1.3.4 榆神矿区

前面已经叙述,榆神矿区在向东部延伸的过程中,松散含水层主要包括第四系风积沙和萨拉乌苏组,该组厚度较大,多在 20~40 m,建井条件十分困难。当松散含水层达到一定厚度,且建井造成水位下降时,容易达到临界水力坡度,继而产生突水溃砂现象。这就需要选择松散含水层厚度小的区域建井。

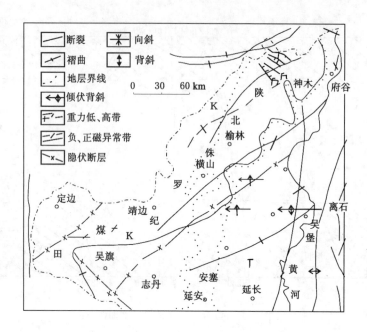

图 2-36　陕北构造纲要图

2.2　地球物理勘探技术与实践

地球物理勘探技术实施方便,覆盖区域广,且能够揭露各处隐伏特征,因此是探查技术中必不可少的。该技术在煤-水协调开采中也普遍应用,主要有对地下水渗流通道——裂隙场、渗流场、地下水赋存及动态的探测,分述如下。

2.2.1　裂隙场地球物理勘探

有关裂隙场的探测技术有很多,本书主要介绍微电阻率扫描成像测井、常规测井和钻孔窥视技术及实践工程。

2.2.1.1　微电阻率扫描成像测井

(1) 问题的提出

由于神南矿区煤层埋深浅,煤层开采后形成垮落带和裂缝带,在基岩和松散层厚度较小地区,裂缝带几乎全部贯穿基岩层,部分甚至全部穿过上覆松散层。在此地质背景下,对土层中导水裂缝带的研究有必要性。

(2) 研究目标

本次研究工作共设 7 个"三带"探查孔。其中,张家峁煤矿 3 个,为孔 7、孔 8、孔 9;柠条塔煤矿 4 个,为孔 1、孔 3、孔 4、孔 6。其目的是对基岩上覆土层中的裂隙发育情况进行探测分析。以张家峁煤矿 N15203 工作面采空区和柠条塔煤矿 N1114 工作面、N1116 工作面、N1208 工作面煤层群开采后的采空区为试验研究区域,对土层的裂隙发育形态利用地球物理探测手段进行探测。要对土层中的裂隙形态及发育规律进行深入研究,首先应对研究区的土层特征进行分析。

张家峁煤矿研究区的土主要以第四系更新统离石组黄土为主。黄土层在矿井全区分布,一般厚度 20～30 m,最厚为 90.50 m。区内黄土岩性为粉质黏土,孔隙率大,结构疏松,夹有少量亚砂土。发育垂直节理,易被地表水流冲蚀,浸水易失稳。受水流侵蚀作用影响,黄土区冲沟发育,沟帮多形成陡坡,常有坍塌发生,沟头可见潜蚀现象(见图 2-37、图 2-38)。

图 2-37 研究区地形地貌

图 2-38 研究区地表黄土垂直节理

根据土工试验资料,张家峁煤矿区内黄土孔隙比 0.818,塑限 17.7％,液限 29.0％,天然含水量 5.3％,液性指数 0,土体处于坚硬或硬塑状态;压缩系数 0.04～1 MPa^{-1},为低压缩性土,压缩模量 45.4 MPa;湿陷系数 0.01,不具湿陷性。

柠条塔煤矿研究区的土层主要由第四系更新统离石组黄土和新近系中新统保德组红土组成。黄土地层分布于矿区北部,厚度 5.40～95.00 m;红土地层主要分布在矿区北部黄土梁峁沟壑区下部,厚度 0～112.92 m,一般厚 50～70 m。在庙沟底部有薄层浅灰色砾石,砾石成分复杂,砾径一般 0.5～1.0 cm。该红土地层与下伏地层呈不整合接触。

(3)研究方法

本次研究主要采取微电阻率扫描成像测井和偶极子阵列声波测井技术对松散层中的裂隙发育情况进行探测。但在进行阵列声波测井过程中,由于地层欠压实,太疏松,能量衰减严重,不易解释,测井效果较差。因此,选用微电阻率成像测井技术进行采动裂隙探测。由于该项技术在石油系统应用比较成熟,这里不再详细介绍,主要原理如图 2-39 所示。

(4)工程应用概况

对张家峁和柠条塔煤矿进行了采空区"三带"探查孔的工程试验研究,基本工程试验条件:柠条塔煤矿孔 1、孔 3、孔 4、孔 6 孔径为 230 mm;张家峁煤矿孔 7、孔 8、孔 9 孔径为 220 mm。现场施工如图 2-40 和图 2-41 所示。

① 场地要求:为了满足测井车辆的停车条件,孔口正前方预留一块 25 m×7 m 的平整通道。

② 钻井架要求:钻井架的吊钩最低部位必须能够升至距离孔口 10 m 以上的高度;悬挂天滑轮的承重部位能够承受 180 kN 的拉力;地滑轮用链条固定在钻机底盘上,承重点应能承受 180 kN 的拉力。

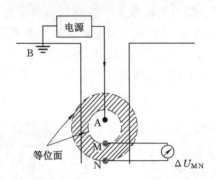

图 2-39 微电阻率测量示意图

图 2-40 微电阻率扫描成像测井施工现场 1　　图 2-41 微电阻率扫描成像测井施工现场 2

③ 钻孔孔径要求:钻孔孔径控制在 $215.9 \sim 500$ mm 之间。

④ 电阻率要求:泥浆电阻率控制在 $2 \sim 4$ $\Omega \cdot m$,泥浆中避免添加玻璃球等绝缘材料和石墨等导电材料。

⑤ 测井过程中为了保障采集质量,钻孔孔径要规则,不能出现无规则的扩径现象。应避免因为孔径扩大(仪器探测的最大孔径为 50 cm)而影响成像采集质量,从而导致无法识别裂缝的现象。

研究区"三带"探查孔地层厚度统计情况如表 2-8 和表 2-9 所示。

表 2-8 张家峁煤矿"三带"探查孔地层厚度统计表

孔号	钻探深度/m	松散层厚度(自上而下)/m			5^{-2} 煤厚度/m	基岩厚度/m
		黄土	细粉砂	黄土		
孔 7	162.88	20.10	—	33.40	5.60	109.38
孔 8	100.12	6.95	—	14.97	5.60	78.20
孔 9	168.20	34.14	5.53	19.22	5.60	109.31

表 2-9 柠条塔煤矿"三带"探查孔地层厚度统计表

孔号	钻探深度/m	松散层厚度(自上而下)/m		2⁻²煤厚度/m	基岩厚度/m
		黄土	红土		
孔 1	155.91	—	61.80	4.80	94.11
孔 3	176.00	37.50	38.40	5.80	100.10
孔 4	191.10	22.83	98.86	5.46	69.41
孔 6	193.91	31.00	91.03	5.46	71.88

（5）实施成果

① 孔 9

孔 9 测量段的地层主要是黄土层系，地层欠压实，较为疏松；测量段内未见明显砂体发育，密度普遍在 1.8～2.0 g/cm³，自然伽马近 75 API，电阻率中等，见图 2-42。孔 9 全井段微电阻率成像成果图见图 2-43。

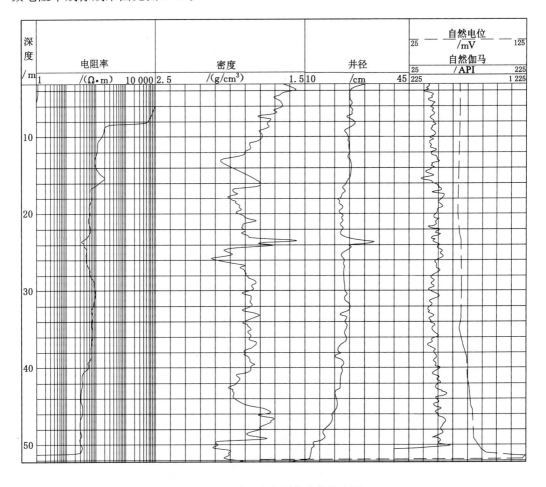

图 2-42 孔 9 常规测井曲线综合图

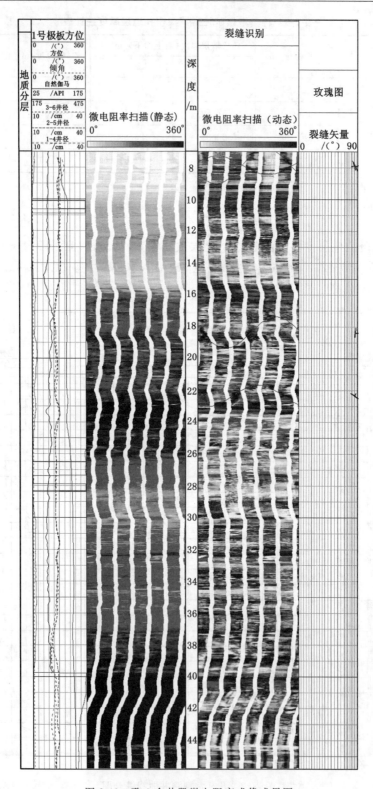

图 2-43　孔 9 全井段微电阻率成像成果图

孔 9 在测量段共识别出了钻孔周边存在的 3 条完整裂缝,其主要特征见表 2-10,另外存在大量的零星的高角度裂隙,说明全钻孔土层裂缝发育。

表 2-10 孔 9 主要裂缝类型、特征及深度范围

地质分层	深度/m	倾角/(°)	走向/(°)	范围/m
黄土	7.9	84.4	155/335	7.5～9.0
	18.4	83.7	9.1/189.1	17.5～19.2
	22.4	80.8	126.1/306.1	21.8～23.2

② 孔 8

孔 8 测量段为 7.5～33.0 m,地层主要是黄土层系,地层欠压实,较为疏松;测量段内未见明显砂体发育。

孔 8 在测量段共识别出了 2 条完整裂缝,另外存在大量的零星的高角度裂隙,说明全钻孔土层裂缝发育。其主要特征见表 2-11。

表 2-11 孔 8 主要裂缝类型、特征及深度范围

地质分层	深度/m	倾角/(°)	走向/(°)	范围/m
黄土	21.8	85.8	143/323	20.7～23.8
基岩	29.9	57.3	68.6/249	28.7～30.2

③ 孔 7

孔 7 测量段为 2.0～48.0 m,地层主要是黄土层系,地层欠压实,较为疏松;测量段内未见明显砂体发育。

孔 7 在测量段共识别出了 5 条天然裂缝,另外存在较大的完整垂直裂隙、多条规模较小的不完整裂隙及个别水平层理,说明全钻孔土层裂缝发育,其主要特征见表 2-12。

表 2-12 孔 7 主要裂缝类型、特征及深度范围

地质分层	深度/m	倾角/(°)	走向/(°)	范围/m
黄土	20.0	90.0	—	18.0～22.0
岩层 (砂质泥岩)	42.6	53.0	97.1/277.1	42.0～43.0
	45.1	73.1	113.1/293.1	44.8～45.5
	46.1	62.9	11.9/191.9	46.0～46.5
	47.6	70.1	166.7/346.7	47.0～48.0

④ 孔 1

孔 1 测量段为 0～75.0 m,地层主要是红土层系,地层欠压实,较为疏松;测量段内未见明显砂体发育。孔 1 全井段微电阻率成像成果图见图 2-44。

孔 1 在测量段共识别出了 2 条高角度天然裂缝与多条规模较小的不规则裂隙,主要特征见表 2-13。

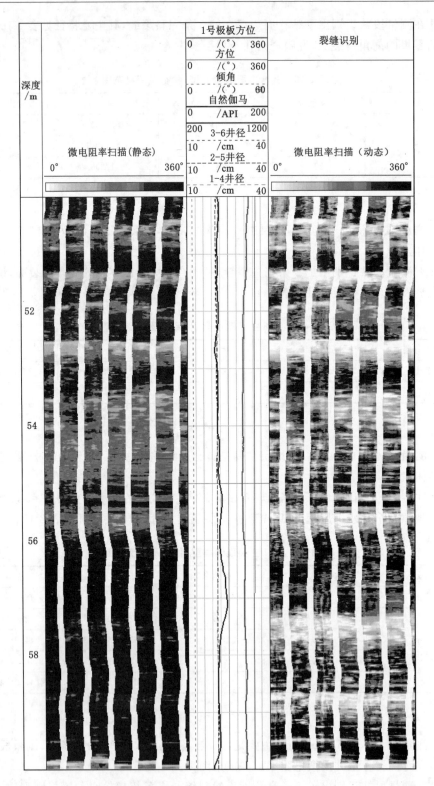

图 2-44　孔 1 全井段微电阻率成像成果图

表 2-13 孔 1 主要裂缝类型、特征及深度范围

地质分层	深度/m	倾角/(°)	走向/(°)	范围/m
红土	16.4	83	129/309	15.5～17.0
	17.4	70	152/332	17.0～18.0

⑤ 孔 3

孔 3 测量段为 4.0～82.0 m,地层主要是黄土和红土层系,地层欠压实,较为疏松;测量段内未见明显砂体发育。

孔 3 在测量段未识别出天然完整裂缝,在测井过程中 31.0～34.0 m、47.0～48.5 m、52.0～53.0 m、57.0～59.0 m、65.0～68.0 m 等层位解释出多条垂直发育的小规模不规则裂隙。与简易水文观测对比分析得出:在整个测井深度范围内孔内均有低水位,个别深度处浆液漏失量剧增,显示土层裂隙发育贯通性良好,另外部分深度处浆液漏失量变化不大,说明裂隙贯通性较差,可能与红土自身的黏性特征和裂隙弥合作用有关。

⑥ 孔 4

孔 4 测量段的地层主要是红土层系,黄土层较薄,地层欠压实,较为疏松;测量段内未见明显砂体发育。孔 4 全井段微电阻率成像成果图见图 2-45。

孔 4 在测量段共识别出了 2 条完整裂缝,30～60 m 层位小裂隙发育,60 m 以深裂隙基本不存在,其主要特征见表 2-14。

表 2-14 孔 4 主要裂缝类型、特征及深度范围

地质分层	深度/m	倾角/(°)	走向/(°)	范围/m
黄土	14.1	82.7	129.7/309.7	13.0～15.0
红土	25.1	82.1	77.5/257.5	24.0～26.0

⑤ 孔 6

孔 6 测量段为 7.0～105.0 m,地层主要是红土层系,黄土层较薄,地层欠压实,较为疏松;测量段内未见明显砂体发育。

孔 6 在测量段共识别出了 8 条完整裂缝,其中 48.7 m 以深裂隙密集发育,并含有大量小裂隙,其主要特征见表 2-15。

表 2-15 孔 6 主要裂缝类型、特征及深度范围

地质分层	深度/m	倾角/(°)	走向/(°)	范围/m	地质分层	深度/m	倾角/(°)	走向/(°)	范围/m
黄土	14.3	88	15/195	13.0～16.0	红土	64.8	86	73/253	63.0～66.3
红土	48.7	86	17/197	47.0～50.0	红土	73.9	87	128/308	71.8～76.0
红土	50.7	78	72/252	50.2～51.8	红土	75.1	87	59/239	73.0～77.0
红土	57.2	88	78/258	54.0～60.5	红土	85.9	87	119/299	84.0～86.9

(6) 实施效果对比

结合钻探工作过程中开展的简易水文观测和岩芯描述,对微电阻率扫描成像测井所解

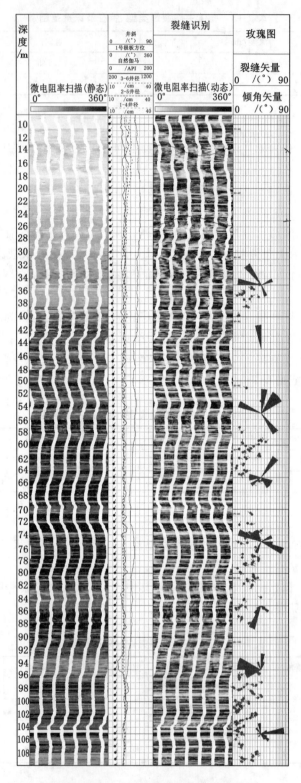

图 2-45　孔 4 全井段微电阻率成像成果图

释的岩土层裂隙进行对比,以工程方法和测井技术相互印证,准确勘定岩土层裂隙发育情况,分述对比如下(见表2-16至表2-22,图2-46至图2-58)[25]。

表 2-16　孔 6 测井与其他观测手段的对比

测井解释裂隙深度及层位/m	对应裂隙深度的简易观测点深度/m	水位是否存在	水位下降速度/(m/min)	单位时间钻孔冲洗液消耗量/(L/s)	对比现象描述	测井是否有佐证
1号裂隙带范围(13~16)离石组黄土	12.45	有	0.002 8	1.765 0	由 12.45 m 进入 14.85 m 段水位下降速度明显增加	有
	14.85	有	0.005 3	1.765 0		
	17.30	有	0.004 3	1.770 0		
2 号裂隙带范围(47~50、50.2~51.8、54.0~60.5等7条)保德组红土	44.23	有	0.019 5	0.600 0	由 44.23 m 进入 48.73 m 段钻孔冲洗液消耗量剧增,水位消失; 其他裂隙所在深度无水位,冲洗液消耗量大,这与探测到的裂隙相互佐证	有
	48.73	无	—	1.762 5		
基岩层段(91.03~108)未见裂隙	—	—	—	—	岩芯观测照片见图 2-46 和图 2-47,无裂隙	有

表 2-17　孔 4 测井与其他观测手段的对比

测井解释裂隙深度及层位/m	对应裂隙深度的简易观测点深度/m	水位是否存在	水位下降速度/(m/min)	单位时间钻孔冲洗液消耗量/(L/s)	对比现象描述	测井是否有佐证
1号裂隙带范围(13~15)离石组黄土	11.80	有	0.002	0.166 7	由 14.3 m 进入 14.8 m 段水位消失,冲洗液消耗量变大	有
	14.80	无	—	0.500 0		
	17.30	有	0.004	0.166 7		
2 号裂隙带范围(24~26)保德组红土	22.43	有	0.019 5	0.190 5	由 22.43 m 进入 24.88 m 段钻孔冲洗液消耗量剧增,水位消失	有
	24.88	无	—	0.432 5		
	27.83	有	0.005 1	0.148 1		
未探测到完整裂隙层段(36.82~75.02)保德组红土		无		1.570 4	在 36.82~75.02 m 之间测井没有解释出完整裂隙,但测井曲线显示有多条高角度条带状阴影区域,推测为不完整裂隙,见图2-48	推测
基岩层段(98~108)未见裂隙	—	—	—	—	岩芯观测照片见图 2-49 和图 2-50	否

表 2-18　孔 3 测井与其他观测手段的对比

测井解释裂隙深度及层位/m	对应裂隙深度的简易观测点深度/m	水位是否存在	水位下降速度/(m/min)	单位时间钻孔冲洗液消耗量/(L/s)	对比现象描述	测井是否有佐证
1号裂隙带范围(31.0～34.0)离石组黄土	31.35	有	0.075	2.7560	由 31.35 m 进入 33.88 m 段水位基本保持稳定,钻孔单位时间、单位进尺的冲洗液消耗量从 3.534 L/(s·m)增加到 8.750 L/(s·m),说明裂隙发育并且连通性较好	有
	31.68	有	0.070	1.7670		
	33.88	有	0.075	1.7500		
2号裂隙带范围(47.0～48.5、52.0～53.0、57.0～59.0、65.0～68.0等4条)保德组红土	47.54	有	0.0195	1.7500	4 条裂隙中均有水位且水位稳定,钻孔单位时间、单位进尺的冲洗液消耗量稳定保持在 3.66 L/(s·m)左右,显示裂隙连通性较好,见图 2-51	有
	48.73	有	0.03	1.7000		
基岩层段(75.4～82.0)未见裂隙	—	—	—	—	岩芯观测照片见图 2-52,岩体较为完整	有

表 2-19　孔 1 测井与其他观测手段的对比

测井解释裂隙深度及层位/m	对应裂隙深度的简易观测点深度/m	水位是否存在	水位下降速度/(m/min)	单位时间钻孔冲洗液消耗量/(L/s)	对比现象描述	测井是否有佐证
裂隙带范围(16.0～18.0、20.0～25.0、45.0～48.0、50.0～60.0等4条)保德组红土	16.40	有	0.023	1.7650	从 16.40 m 进入 23.31 m 段孔内水位消失,钻孔冲洗液消耗量基本保持稳定,说明裂隙连通性较好。在整个红土测井层段解释出多条不规则裂隙,见图 2-53	有
	23.31	无	—	1.7670		
基岩层段(62.0～75.0)未见裂隙	—	—	—	—	岩芯观测照片见图 2-54,岩体较为完整	有

表 2-20　孔 8 测井与其他观测手段的对比

测井解释裂隙深度及层位/m	对应裂隙深度的简易观测点深度/m	水位是否存在	水位下降速度/(m/min)	单位时间钻孔冲洗液消耗量/(L/s)	对比现象描述	测井是否有佐证
1号裂隙带范围(20.7～23.8)离石组黄土	18.27	无	—	1.3	在整个测井层段钻孔无水位,冲洗液消耗量大	无法对比
	21.92	无	—	1.3		

表 2-20(续)

测井解释裂隙深度及层位/m	对应裂隙深度的简易观测点深度/m	水位是否存在	水位下降速度/(m/min)	单位时间钻孔冲洗液消耗量/(L/s)	对比现象描述	测井是否有佐证
2 号裂隙带范围(28.7~30.2) 基岩层段	25.22	无	—	1.3	岩芯观测照片见图2-55,岩体较破碎	有
	27.16	无	—	1.3		
	29.12	无	—	1.3		

表 2-21 孔 9 测井与其他观测手段的对比

测井解释裂隙深度及层位/m	对应裂隙深度的简易观测点深度/m	水位是否存在	水位下降速度/(m/min)	单位时间钻孔冲洗液消耗量/(L/s)	对比现象描述	测井是否有佐证
1 号裂隙带范围(7.5~9.0) 离石组黄土	7.79	有	0.026	0.693 3	由 7.79 m 进入 9.87 m 水位下降速度显著增加,进入 20~24 m 范围钻孔内无水位,冲洗液消耗量大	有
	9.87	有	0.060	0.316 7		
2 号裂隙带范围(17.5~19.2,21.8~23.2 等 2 条) 离石组黄土	16.67	有	0.380	0.791 7		有
	20.65	无	—	2.871 1		
	22.97	无	—	2.074 2		
	24.20	无	—	2.103 1		
未探测到完整裂隙层段(26.00~44.27) 离石组黄土		无	—	4.275 0	在 26.00~44.27 m 段测井没有解释出完整裂隙,但测井曲线显示有多条高角度条带状阴影区域,在 44.27 m 处冲洗液消耗量出现突变剧增,推测为较小的不完整裂隙,见图 2-56	推测

表 2-22 孔 7 测井与其他观测手段的对比

测井解释裂隙深度及层位/m	对应裂隙深度的简易观测点深度/m	水位是否存在	水位下降速度/(m/min)	单位时间钻孔冲洗液消耗量/(L/s)	对比现象描述	测井是否有佐证
1 号裂隙带范围(18.0~20.0) 离石组黄土	18.58	无	—	1.33	冲洗液消耗量较大且保持稳定,见图2-57	有
	19.97	无	—	1.33		
2 号裂隙带范围(41.6~42.6,44.0~45.1,45.5~46.1,46.5~48.0 等 4 条) 基岩	42.6	无	—	1.33	冲洗液消耗量保持稳定,见图2-58	有
	45.1	无	—	1.33		
	46.1	无	—	1.33		
	47.6	无	—	1.33		

图 2-46　孔 6 测井 99～104 m 段
无裂隙较完整岩芯

图 2-47　孔 6 测井 104～108 m 段
无裂隙较完整岩芯

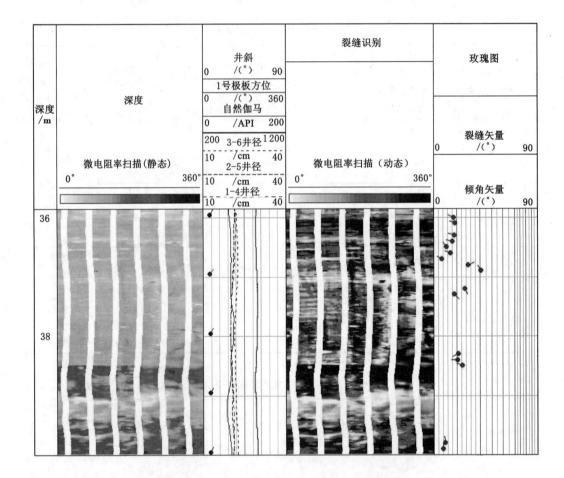

图 2-48　孔 4 测井不规则小裂隙测井成像图

图 2-49　孔 4 测井 98～103 m 段较破碎岩芯

图 2-50　孔 4 测井 103～108 m 段较完整岩芯

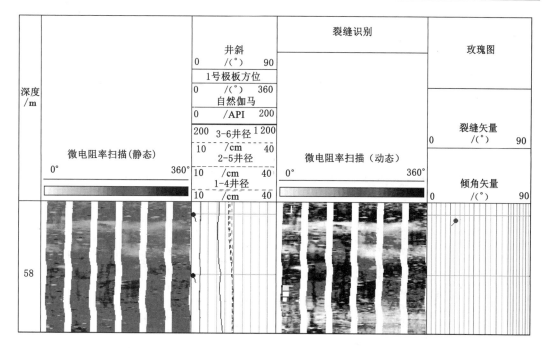

图 2-51 孔 3 测井垂直裂隙测井成像图

图 2-52 孔 3 测井 75～79 m 段较完整岩芯

孔 6 测井成果与简易水文观测和岩芯描述相吻合,说明测井成果真实可靠。

孔 4 土层中的测井解释高角度完整裂隙发育位置与简易水文观测结果相互吻合。需要说明的是,在 36.82～75.02 m 层段,测井没有解释出高角度完整裂隙,但有多条不规则垂向裂隙(暗色阴影部分),这与钻孔水文观测推测相一致。在 36.82～75.02 m 层段,简易水文观测显示钻孔水位和冲洗液消耗量变化,说明土层中有裂隙发育。但在 75.02～130 m 层段钻孔水位恢复到 0.2 m 左右,冲洗液消耗量也大幅度减少,说明上覆层段裂隙较小,且连通性较差,可封堵。

孔 3 在黄土和红土整个测井层段没有解释出高角度完整裂隙,但有多条不规则垂向裂隙(暗色阴影部分),这与钻孔水文观测较为吻合。

孔 1 在整个红土测井层段解释出 2 条高角度完整裂隙,同时有多条不规则垂向裂隙(暗色阴影部分),钻孔从 9.15 m 进入 17.40 m 高角度完整裂隙处孔内水位基本保持稳定,单位时间钻孔冲洗液消耗量从 0.166 7 L/s 剧增到 1.667 L/s,进入不完整垂直裂隙段 20.0 m 处孔内无水位,冲洗液消耗量保持稳定,显示土层裂隙连通性较好,这与钻孔水文观测较为

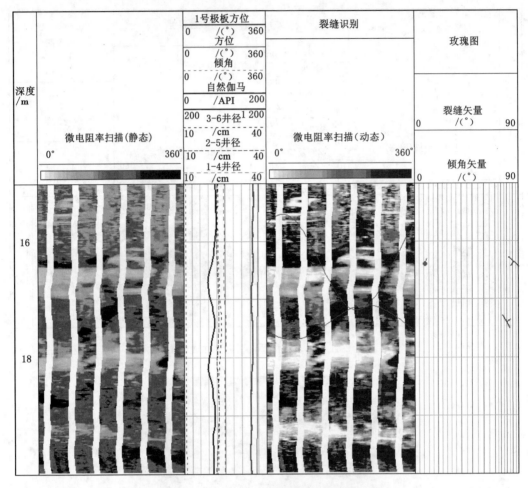

图 2-53　孔 1 测井完整裂隙与垂直裂隙测井成像图

图 2-54　孔 1 测井 71～75 m 段较完整岩芯

图 2-55　孔 8 测井 25～30 m 段较破碎岩芯

吻合。

　　孔 8 冲洗液消耗量大,在裂隙发育规模较大、连通性好的层段,测井解释出了高角度完整裂隙。孔 8 的基岩层段的解释结果和岩芯可对比印证。

　　孔 9 冲洗液消耗量大,在裂隙发育规模较大、连通性好的层段,测井解释出了高角度完整裂隙,在 36～38 m 段存在多条连通性较差的小规模裂隙。

　　孔 7 冲洗液消耗量大,在裂隙发育规模较大、连通性好的层段,测井解释出了高角度完整裂隙,在 18.0～22.0 m 段存在多条连通性较差的小规模裂隙,在 42.6～47.0 m 段存在

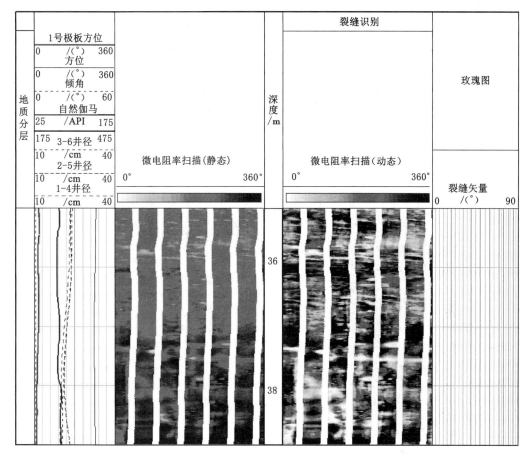

图 2-56　孔 9 测井不规则小裂隙测井成像图

多条高角度完整裂隙。

综上，通过对测井解释结果与简易水文观测和岩芯鉴定分析的对比可以看出：

① 张家峁煤矿孔 9 测井段裂隙全段发育，并有 3 条完整裂隙，说明导水裂缝带已经发育导穿土层，裂隙赋存段与冲洗液漏失段相吻合。

② 张家峁煤矿孔 8 测井段裂隙全段发育，并有 2 条完整裂隙，说明导水裂缝带已经发育导穿土层，裂隙赋存段与冲洗液漏失段相吻合。

③ 张家峁煤矿孔 7 测井段裂隙全段发育，并有 5 条完整裂隙，说明导水裂缝带已经发育导穿土层，裂隙赋存段与冲洗液漏失段相吻合。

④ 柠条塔煤矿孔 4 在测井段共识别出了 2 条完整裂隙，$30 \sim 60$ m 段发育有小裂隙，$60 \sim 110$ m 段基本不存在裂隙，裂隙赋存段与冲洗液漏失段相吻合。因此，该孔导水裂缝带发育深度为 30 m；导水裂缝带发育高度为 156.1 m，是采厚的 28.59 倍。

⑤ 柠条塔煤矿孔 6 在测井段共识别出了 8 条完整裂隙，其中 48.7 m 以深裂隙密集发育，并有大量小裂隙，裂隙赋存段与冲洗液漏失段相吻合。因此，该孔导水裂缝带发育深度为 48.7 m；导水裂缝带发育高度为 140.21 m，是采厚的 25.68 倍。

⑥ 柠条塔煤矿孔 3 在测井段未识别出完整裂隙，但识别出多条不规则小裂隙，其中 34.0 m 以深裂隙密集发育，并有大量小裂隙，裂隙赋存段与冲洗液漏失段相吻合。因此，该

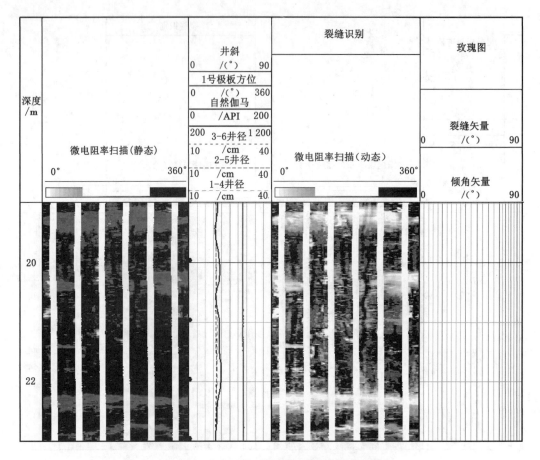

图 2-57 孔 7 测井不规则小裂隙测井成像图

图 2-58 孔 7 测井 40~45 m 段较破碎岩芯

孔导水裂缝带发育深度为 34.0 m;导水裂缝带发育高度为 140.7 m,是采厚的 24.25 倍。

⑦ 柠条塔煤矿孔 1 在测井段共识别出了 2 条完整裂隙,其中 18.0 m 以深裂隙密集发育,并有大量小裂隙,裂隙赋存段与冲洗液漏失段相吻合。因此,该孔导水裂缝带发育深度为 18.0 m;导水裂缝带发育高度为 132.91 m,是采厚的 27.69 倍。

⑧ 钻孔揭露的裂隙可分为完整裂隙和小裂隙,其中完整裂隙即在测井范围内能将整个

裂隙断面准确揭露出来的裂隙,小裂隙则是本身发育规模小或者发育不规则而无法准确描述出来的裂隙。探查结果表明,小裂隙密集发育时冲洗液消耗量较大,可视为导水裂隙。完整裂隙孤立发育时也存在冲洗液消耗量不显著的现象,可视为相对隔水的。

⑨ 土层中砂含量较大段,裂隙发育后砂体易流动而导致裂隙愈合,因此测井显示该段裂隙不发育,这使得张家峁煤矿部分导水裂隙段无明显裂隙显现。

⑩ 导水裂缝带发育具有非均质性,表现在垂向(同一钻孔)和水平方向(同一工作面不同位置钻孔)裂隙段发育不均质。

⑪ 红土和黄土在采动裂隙发育与导水程度上存在明显差异。黄土中裂隙普遍发育,导水性好,甚至导水裂缝带之上仍有裂隙发育(如孔4、孔6);而红土中采动后裂隙发育较少,导水性一般,甚至导水裂缝带之下仍有大段连续的隔水段(如孔4)。

⑫ 导水裂缝带之上存在零星的小裂隙,特别是靠近地表时多有存在,这是地表自由面拉张变形所产生的,其贯通性一般。

2.2.1.2 常规测井

(1)工程概况

金鸡滩煤矿 12-2$^{\pm}$101 工作面开采煤层为 2^{-2}煤,开采时间为 2014 年 7 月至 2015 年 8 月,至钻孔施工时已经回采 3 个多月,采空区已经达到稳定。

沿 12-2$^{\pm}$101 工作面走向中心位置布置一条倾向测线Ⅰ—Ⅰ,在该测线上布置 4 个钻孔(JT1、JT2、JT3、JT4 钻孔);沿 12-2$^{\pm}$101 工作面倾向中心位置布置一条走向测线Ⅱ—Ⅱ,在该测线上布置 3 个钻孔(JT4、JT5、JT6 钻孔,其中 JT4 钻孔与Ⅰ—Ⅰ测线公用),详见图 2-59。

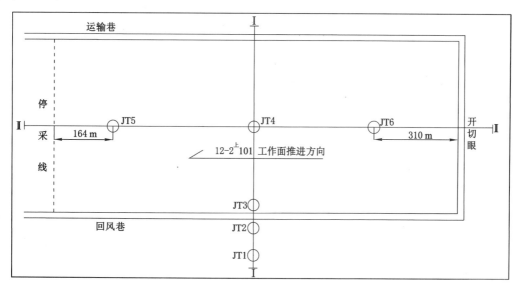

图 2-59 金鸡滩煤矿"三带"探查孔布置示意图

(2)测井方法

测井选用的参数有电阻率、短源距、声波时差等,同时选用井径等参数进行综合解释。

(3)测井分析

① JT1 钻孔（对比孔）

该孔的测井结果如图 2-60 所示，测井曲线整体比较平滑，为未开采区域的对比孔。

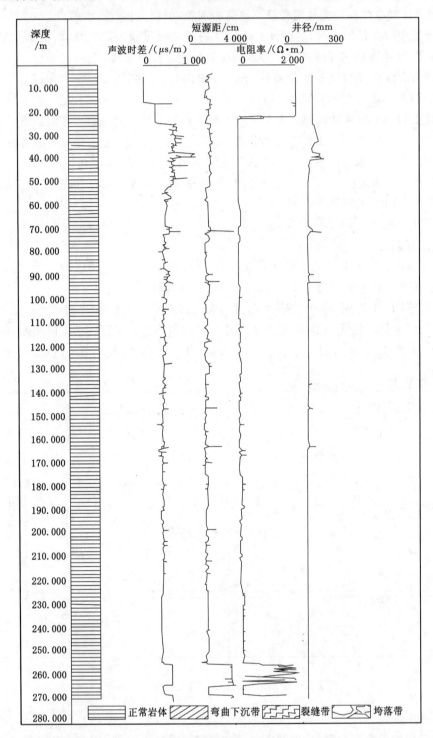

图 2-60　JT1 钻孔测井曲线

② JT2 钻孔(处于边缘拉张带)

如图 2-61 所示,该孔上部反应异常,中下部测井曲线整体平滑,表现为浅部拉张破坏。

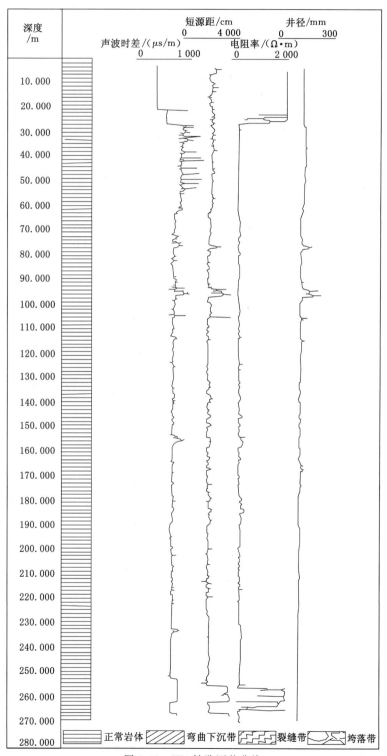

图 2-61　JT2 钻孔测井曲线

③ JT3 钻孔("三带"探查孔)

如图 2-62 所示,该孔的 135.20 m 和 235.30 m 深处为两个测井曲线突变点,分别定为导水裂缝带顶界面和垮落带顶界面。

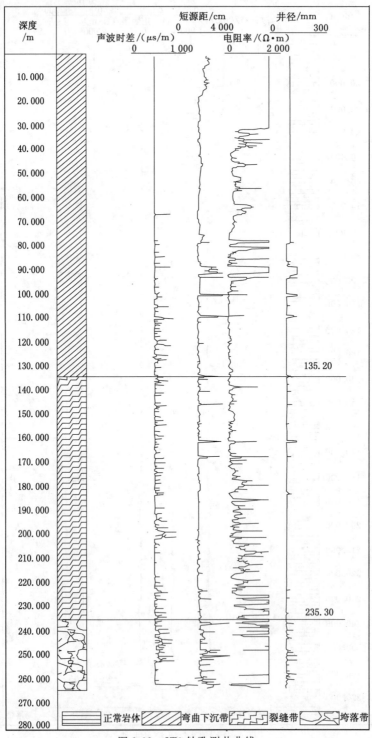

图 2-62　JT3 钻孔测井曲线

④ JT4 钻孔("三带"探查孔)

如图 2-63 所示,该孔的 132.75 m 和 227.50 m 深处为两个测井曲线突变点,分别定为导水裂缝带顶界面和垮落带顶界面。

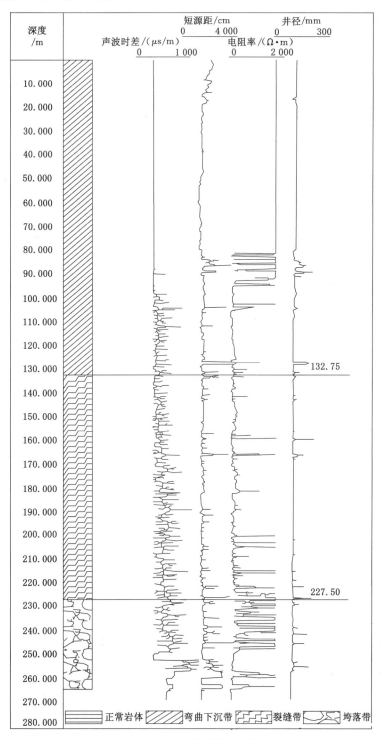

图 2-63　JT4 钻孔测井曲线

⑤ JT5 钻孔("三带"探查孔)

如图 2-64 所示,该孔的 143.80 m 和 221.15 m 深处为两个测井曲线突变点,分别定为导水裂缝带顶界面和垮落带顶界面。

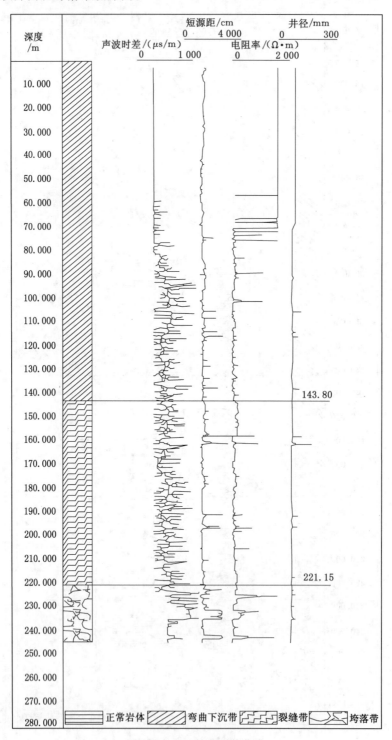

图 2-64 JT5 钻孔测井曲线

⑥ JT6 钻孔("三带"探查孔)

如图 2-65 所示,该孔的 155.80 m 和 253.00 m 深处为两个测井曲线突变点,分别定为导水裂缝带顶界面和垮落带顶界面。

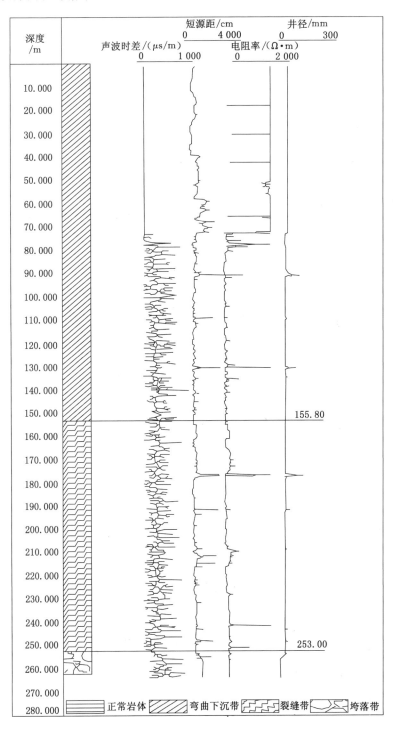

图 2-65　JT6 钻孔测井曲线

2.2.1.3 钻孔窥视

陕北侏罗纪煤田目前已经开采的区域,绝大多数基岩已经被导通。采用钻孔窥视技术难以对土层进行观测(泥浆容易护壁),因此多次对基岩进行观测,其都为完全破断的情况。

对前述的几个钻孔进行了窥视,相关的观测结果如下[26]:

(1) 孔9

孔9探测层段为 58.89～116.5 m,探测出裂隙的层段主要有 65.6～66.3 m、68.9～69.2 m、72.1～72.6 m、80.4～82.8 m、87.3～90.3 m、93.5～94.4 m、97.2～98.2 m、99.2～99.8 m、101.4～102.1 m、110～110.6 m(见图 2-66)。从图 2-66 可看出,97.2～98.2 m层段较其他层段岩石破碎,孔壁呈现出明显的岩石缺失;其余层段较完整,仅在局部区域有规模较小的裂隙。

孔9钻进过程中,在 69.31 m、71.81 m 深度处钻孔冲洗液消耗量较大,分别为 1.887 8 L/s、1.950 7 L/s,与钻孔窥视裂隙发育区恰好吻合,从而验证了钻孔窥视的准确性。将此结果与钻孔冲洗液消耗量及岩芯破碎程度进行对比,得知煤层开采后导水裂缝带将基岩全部导穿,已达黄土层段。

(2) 孔8

孔8探测层段为 21.92～119.6 m,探测出裂隙的层段主要有 35.2～36.4 m、42.2～43.3 m、43.6～46.0 m、46.4～56.2 m、64.8～66.5 m、71.2～71.9 m、75.2～75.6 m、79.5～80.1 m、89.6～90.2 m、115.4～117.2 m(见图 2-67)。从图 2-67 可看出:35.2～36.4 m、46.4～56.2 m、79.5～80.1 m 层段较其他层段岩石破碎,孔壁岩石出现较大位移;64.8～66.5 m 层段出现"O形""菱形"状裂隙,呈现出采动形成的纵横交错的相交裂隙,该段岩性为致密、泥质胶结的粉砂岩,取芯时局部较破碎;75.2～75.6 m 层段出现水平裂隙;50.9～53.1 m 层段出现火烧岩,且越靠近煤层,烧变程度越严重。

孔8钻进过程中,在 71.33 m、116.23 m 深度处钻孔冲洗液消耗量较大,分别为 10.83 L/s、4.06 L/s,与钻孔窥视图显示的 71.2～71.9 m、115.4～117.2 m 层段裂隙发育区重合。将钻孔冲洗液消耗量与钻孔窥视图中岩石裂隙、破碎段对比分析,可知导水裂缝带已导通基岩层段。

(3) 孔4

孔4探测层段为 110.2～156.7 m,探测出裂隙的层段主要有 110.0～112.3 m、121.0～121.6 m、125.6～128.8 m、130.6～132.9 m、148.9～149.3 m、154.5～156.0 m(见图 2-68)。从图 2-68 可看出:109.9～112.3 m 层段岩层变形较严重,130.6～132.9 m 层段发育较多的垂向裂隙;其他层段岩层较完整,出现较多的水平裂隙。

孔4钻进过程中,在 132.3 m 深度处钻孔冲洗液消耗量较大,为 2.603 1 L/s,与钻孔窥视显示的 130.6～132.9 m 层段垂向裂隙发育重合,从而佐证了钻孔窥视的准确性。

对比分析钻孔窥视与钻孔冲洗液消耗量变化趋势,可知煤层开采后导水裂缝带普遍发育于整个基岩,并导通至土层。

2.2.2 渗流场地球物理探测

有关地下水渗流场的探测技术有很多,本书主要介绍钻孔显微高速摄像技术探查地下水渗流场。

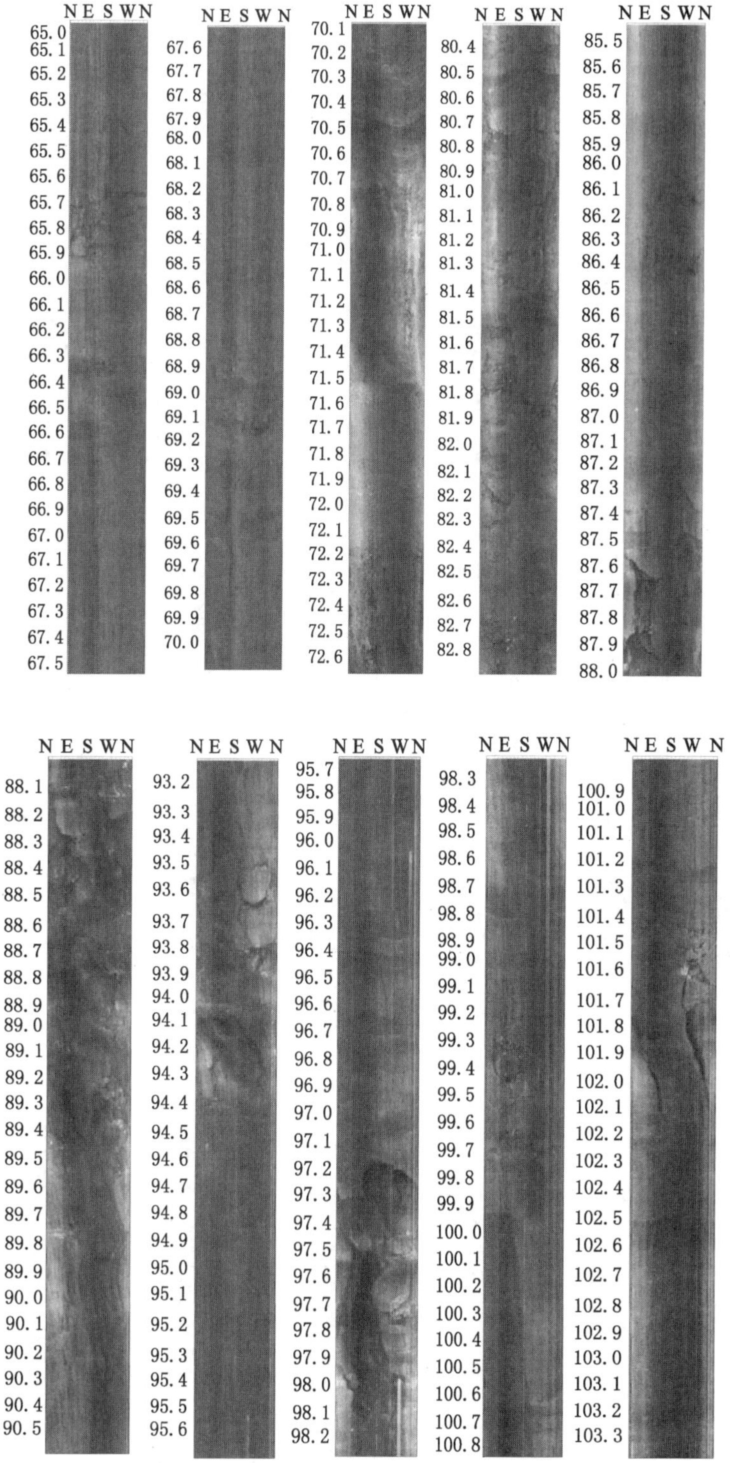

图 2-66　孔 9 钻孔窥视图像(单位:m)

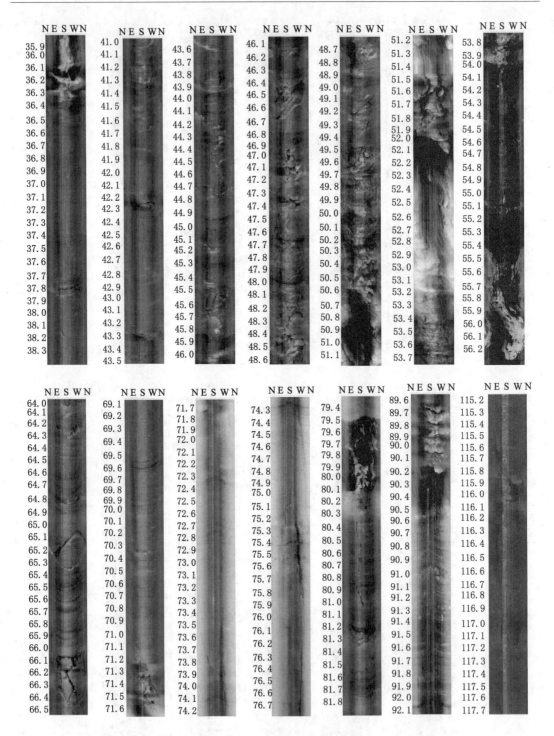

图 2-67　孔 8 钻孔窥视图像(单位:m)

2.2.2.1　技术原理

　　该技术通过高速拍摄地下水中微粒的运动状况,测定地下水流速流向。应用 Aqualite 软件可以捕捉到每一个粒子的流速与流向,然后通过对这些粒子的矢量运算得出该时间段

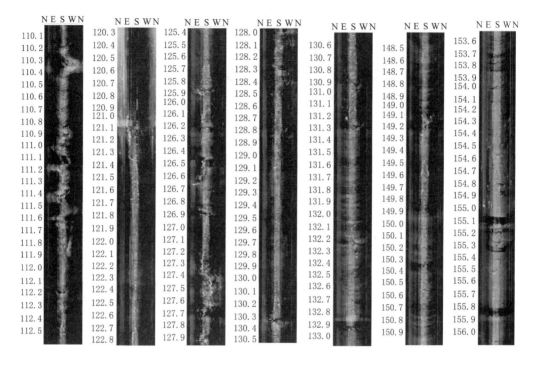

图 2-68　孔 4 钻孔窥视图像（单位:m）

的水流的实际流速和流向(见图 2-69),具体仪器见图 2-70。该技术主要原理是通过捕捉水中的微米级微粒,采用显微高速摄像对微粒的移动进行监控,在捕捉到海量的微粒运动轨迹后,采用数理统计方法对微粒移动的方向和速度进行统计,从而得到该钻孔的流速和流向的。该钻孔流速流向仪的主要参数如表 2-23 所示。

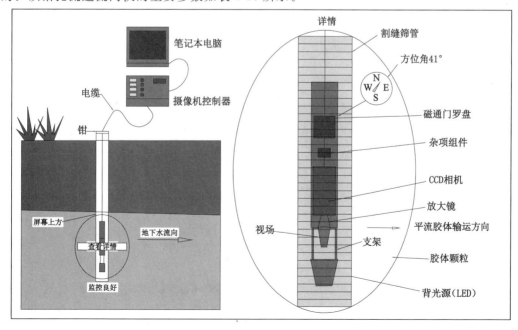

图 2-69　钻孔显微成像技术原理图

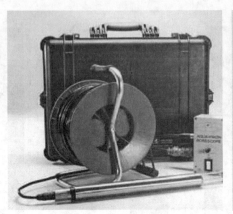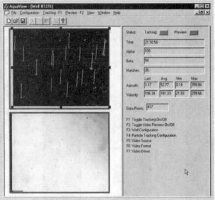

图 2-70 钻孔流速流向仪

表 2-23 钻孔流速流向仪的相关参数

流速测量范围/(mm/s)	0~25
流速测量精度/(μm/s)	0.01
适用孔径/mm	>50.8
最大工作深度/m	305
最大水压/mH$_2$O	914
相机视野/mm	2.7×2
景深/mm	0.2

2.2.2.2 工程应用

在神南矿区实施37个水文钻孔,通过钻孔进行了不同含水层的地下水流速流向测试,如图 2-71 所示。

图 2-71 采用钻孔流速流向仪测试现场

2.2.2.3 测试结果

部分探查成果如表 2-24 所示。通过测试,获得了地下水流场基本参数,对矿区大范围内风化基岩含水层中水的流向取得了较为清晰的认识。柠条塔井田西南部和红柳林井田西北部地下水以芦草沟为界由南向西北运移,从 SK1 孔附近流出柠条塔井田边界,与柠条塔井田南部古河道中地下水流向大体一致;红柳林井田中东部,除芦草沟外 4^{-2} 煤火烧区边界部位也是地下水的重要汇集区,井田东南部的地下水主要以塔沟、敖包沟等沟谷地带为汇集区;柠条塔井田东南部和张家峁井田南部虽然测得的地下水流向比较分散,但整体上都是向着煤层火烧区边界部位补充汇集。神南矿区地下水流向对比图如图 2-72 所示。

表 2-24　钻孔流速流向仪测定的地下水的流速流向成果表

孔号	流向/(°)	流速/(μm/s)
SK1	289.35	93.50
	273.28	24.74
SK2	140.42	14.87
SK3	151.55	41.70
	161.69	52.65
SK4	329.16	32.20
	327.84	107.07
	141.82	52.39
	155.74	125.87
SK5	45.94	85.87
	333.90	73.25
SK6	341.92	43.80
	325.77	113.37
SK7	168.88	27.87
	136.51	15.30

2.2.3　地下水位动态观测

地下水位动态观测方法有人工的也有自动的,这里主要介绍自动观测系统及其应用工程实例。

2.2.3.1　工作原理

项目地下水位监测使用系统 SQL Server 2000。该监测系统为遥测系统,通过监测点发送信息,在 PC 端接收信息,进而完成观测。该系统可无人值守全天候自动工作,适合于安装在距离较远、条件较差的野外水位观测孔,其工作原理见图 2-73。

2.2.3.2　工程应用

榆神矿区共有 4 期规划区,其中 1、2 期已经开采,且对水资源影响较大。为此,需要对整个榆神矿区进行水位动态观测。

共安装完成监测钻孔 73 个。其中,第四系砂层含水层 22 个监测点,第四系萨拉乌苏组含水层 30 个监测点,第四系松散层含水层 2 个监测点,第四系离石组黄土含水层 5 个监测点,第四系土层混合含水层 1 个监测点,第四系砂层+白垩系洛河组混合含水层 2 个监测点,风化基岩含水层 2 个监测点,白垩系洛河组强风化带含水层 2 个监测点,白垩系洛河组含水层 1 个监测点,侏罗系直罗组含水层 1 个监测点,侏罗系延安组含水层 2 个监测点,烧变岩含水层 3 个监测点,监测地下水层位详见表 2-25。

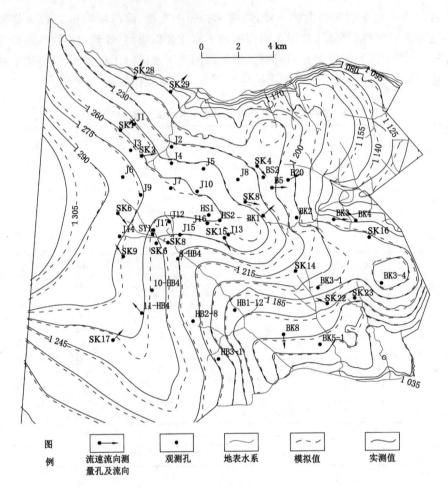

图 2-72　神南矿区地下水流向对比图

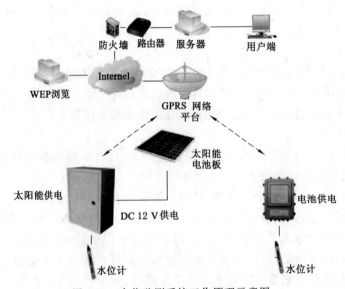

图 2-73　水位监测系统工作原理示意图

表 2-25 监测地下水层位一览表

序号	监测层段	孔 号	个数
1	第四系砂层含水层	YS1、YS9、YS14、YS19、YS25、YS26、YS27、YS28、YS30、YS31、YS32、YS35、YS36、YS38、YS39、YS42、YS43、YS45、YS49、YS52、YS61、YS62	22
2	第四系萨拉乌苏组含水层	YS2、YS3、YS4、YS8、YS10、YS11、YS12、YS13、YS16、YS17、YS18、YS20、YS21、YS22、YS23、YS24、YS34、YS37、YS40、YS41、YS47、YS48、YS50、YS51、YS54、YS56、YS60、YS63、YS68、YS73	30
3	第四系松散层含水层	YS55、YS72	2
4	第四系离石组黄土含水层	YS53、YS59、YS64、YS69、YS71	5
5	第四系土层混合含水层	YS70	1
6	第四系砂层＋白垩系洛河组混合含水层	YS6、YS44	2
7	风化基岩含水层	YS7、YS33	2
8	白垩系洛河组强风化带含水层	YS5、YS15	2
9	白垩系洛河组含水层	YS29	1
10	侏罗系直罗组含水层	YS67	1
11	侏罗系延安组含水层	YS46、YS66	2
12	烧变岩含水层	YS57、YS58、YS65	3
合计			73

依据项目的定位,设定监测仪器每天早晨 8 点钟读取一组水位、水温数据等(见图 2-74),数据保存于监测井内装置中并远程传输至主机。在无信号或信号微弱的地方,当数据不能传输时,可采用设备本身储存功能,定时人工野外收集。

图 2-74 地下水远程监测系统界面图

2.2.3.3　动态观测结果分析

榆神矿区在以往各个不同勘探阶段建立了数量众多的地下水长观站,对第四系萨拉乌苏组潜水的动态变化进行观测,观测周期大多数为一个水文年,派专人定期观测。每月观测3次,在丰水期(7、8、9月)加密至6次。现选择有代表性的观测数据和动态曲线进行分析。

风沙滩地区萨拉乌苏组地下水动态简单,变化特征相似:地下水位动态曲线均呈双峰形,见图 2-75 至图 2-77。该动态变化特征反映萨拉乌苏组水流系统受大气降水补给和灌溉开采双重作用。

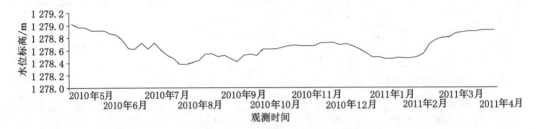

图 2-75　萨拉乌苏组地下水位动态曲线图(尔林兔勘查区 R17-1 孔)

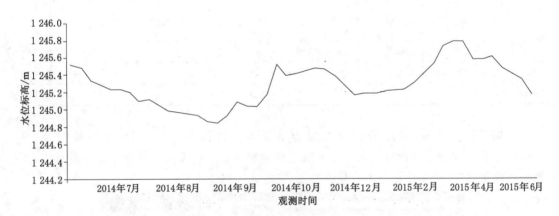

图 2-76　萨拉乌苏组地下水位动态曲线图(郭家滩井田 GK15-2 副孔)

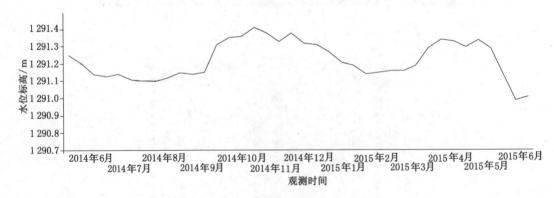

图 2-77　萨拉乌苏组地下水位动态曲线图(小保当井田 YK4 孔)

由此可见,研究区内地表水及萨拉乌苏组地下水动态的主要影响因素是大气降水和灌溉开采。地表水及地下水动态特征明显表现为气象-开采型,只是不同区段受开采时间和强度不一致影响,水位变化在响应时间上稍有差异,但步调基本相同。地表水表现出明显的季节特征;全年萨拉乌苏组地下水位变幅一般在 1 m 左右,反映了萨拉乌苏组地下水系统良好的调储能力。

2.3 原位测试技术与实践

原位测试技术可以直接获取水文地质参数,相比物探、地质调查等,有显著的定量特征。在煤-水协调开采中,原位测试技术也普遍应用,主要用于对地下水的抽水、压水、注水、放水及简易水文观测等,分述如下。

2.3.1 抽水试验

抽水试验是最常见的获取地下水参数的方法。这里不再叙述常规单个钻孔的抽水试验,主要介绍联合抽水试验和大规模区域抽水试验。

2.3.1.1 联合抽水试验

共施工抽水钻孔 2 个(W1-1,W1-2),位于柠条塔井田南翼 $1^{-2上}$ 煤烧变岩边界两侧(见图 2-78),两钻孔相距 52.33 m。分别对 W1-1 和 W1-2 两个钻孔做了单孔抽水试验和连通试验,试验的含水层为直罗组风化基岩含水层和 $1^{-2上}$ 煤烧变岩含水层。本次抽水试验的目的即计算风化基岩和烧变岩含水层的水文地质参数,并通过连通试验分析 $1^{-2上}$ 煤烧变岩与风化基岩、同层位烧变岩含水层是否存在水力联系。

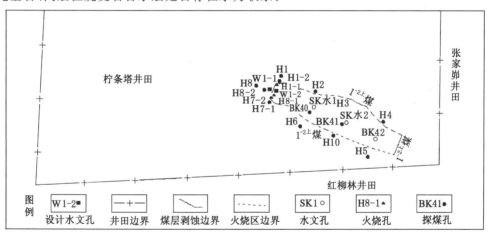

图 2-78 柠条塔井田抽水试验钻孔位置示意图

对 W1-1 和 W1-2 两个抽水钻孔各做了 2 次抽水试验。由含水层单孔抽水试验结果(见表 2-26)可知:① 风化基岩含水层,W1-2 孔的单位涌水量、渗透系数和影响半径均大于W1-1孔,这是因为 W1-2 孔的风化基岩含水层厚度(15.15 m)大于 W1-1 孔的风化基岩含水层厚度(8.80 m),且 W1-1 孔的含水层岩性是砂质泥岩和细粒砂岩,孔隙率小,储水能力较弱,渗透性差,W1-2 孔的岩性则是细粒砂岩和中粒砂岩,孔隙率较大,储水能力强,渗透性好。② 烧变岩含水层,W1-1 孔和 W1-2 孔的烧变岩含水层岩性均为粗粒砂岩和中粒砂岩,含水层岩性相同,且两个孔的含水层厚度只略有差异,影响烧变岩含水层水文地质参数的主要因素是烧变程度,因为 W1-1 孔烧变岩在原烧变岩推测边界之外,烧变程度较弱,而 W1-2

孔烧变岩在原烧变岩推测边界以内,烧变程度较强。

表 2-26　单孔抽水试验结果一览表

钻孔号	含水层	含水层岩性	含水层厚度/m	单位涌水量/[L/(s·m)]	渗透系数/(m/d)	影响半径/m
W1-1	风化基岩	砂质泥岩、细粒砂岩	8.80	0.007 8	0.081 7	82.62
	烧变岩	粗粒砂岩、中粒砂岩	12.00	0.009 7	0.077 2	99.33
W1-2	风化基岩	细粒砂岩、中粒砂岩	15.15	0.070 7	0.456 7	116.20
	烧变岩	粗粒砂岩、中粒砂岩	8.55	0.013 5	0.158 0	144.06

　　为查明烧变岩含水层与周围含水层的水力联系,针对 W1-1 孔和 W1-2 孔做了 2 次连通试验。① W1-2 孔作为抽水孔,抽水含水层为烧变岩含水层,W1-1 孔作为观测孔,观测的含水层为风化基岩含水层。随着抽水孔水位降深的改变,观测孔的水位一直稳定在 63.52 m,烧变岩含水层和风化基岩含水层没有水力联系。② W1-1 孔作为抽水孔,抽水含水层为烧变岩含水层,W1-2 孔作为观测孔,观测的含水层也是烧变岩含水层。据观测孔 W1-2 计算出的单位涌水量为 0.014 1 L/(s·m),渗透系数为 0.166 3 m/d,影响半径为 141.68 m,且与单孔抽水试验计算的水文地质参数存在差异(见表 2-27),说明两孔之间的烧变岩含水层互相连通且存在水力联系。

表 2-27　单孔抽水试验与连通试验结果对比表

抽水试验类型	含水层	单位涌水量/[L/(s·m)]	渗透系数/(m/d)	影响半径/m	钻孔类型
单孔抽水试验	烧变岩	0.013 5	0.158 0	144.06	抽水孔、观测孔均为 W1-2
连通试验	烧变岩	0.014 1	0.166 3	141.68	观测孔为 W1-2、抽水孔为 W1-1

　　综上所述,通过对单孔抽水试验和连通试验结果分析可知:影响风化基岩含水层富水性的因素主要为风化基岩厚度和岩性;由于存在隔水层,风化基岩含水层和烧变岩含水层之间是没有水力联系的;相同层位的烧变岩含水层存在水力联系。

2.3.1.2　大规模抽水试验

（1）试验目的

　　本次水文钻孔的抽水试验范围是整个神南矿区,重点是考考乌素沟以南区域,同时对神南矿区外围数千米内的水文边界进行野外调查,勘探区范围如图 2-79 所示。

　　神南矿区水文地质补充勘探的主要目的任务:

　　① 探查神南矿区风化基岩及以上主要含水层岩性特征、厚度分布、空间发育形态、富水区段分布规律和含水层的水位、水质、水温、富水性、渗透性、动态变化,各含水层之间的水力联系及补给、径流、排泄条件。

　　② 探查神南矿区第四系更新统黄土和新近系中新统保德组红土隔水层的岩性、厚度、分布情况、稳定性及物理力学和水理性质等。

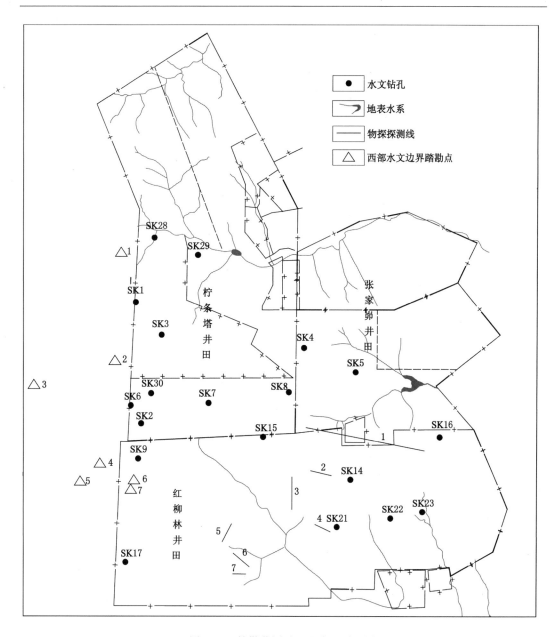

图 2-79 补勘范围及工程布置平面图

③ 探查矿区主采煤层上覆岩土层的工程地质类型、覆岩组合及结构特征和岩土物理力学性质等。

④ 对主要含水层进行抽水试验,求取各含水层的水文地质参数,为矿区三维水文地质模型的建立提供基础资料。

⑤ 完善神南矿区水文地质动态监测网系统。

(2) 试验结果

风化基岩含水层在研究区内普遍分布,为矿区内主要含水层。已有钻孔揭露,风化基岩含水层厚度 0～101.57 m,平均厚度 62.59 m。岩性为灰色、灰黄色、灰绿色中-细粒砂岩、泥岩,局部夹粉砂岩、砂质泥岩。本次施工 27 个有效水文勘探钻孔(柠条塔井田 9 个钻孔,张家峁井田 6 个钻孔,红柳林井田 12 个钻孔)进行了该层的抽水试验,抽水试验成果如表 2-28 所示。结合已收集水文勘探孔抽水试验成果,共统计 85 个水文勘探孔抽水试验成果,采用克里金法绘制风化基岩富水性分区图,并根据物探成果对单位涌水量等值线进行修正,最终获得富水性分区图(见图 2-80)。由图 2-80 和表 2-28 可知:研究区风化基岩含水层单位涌

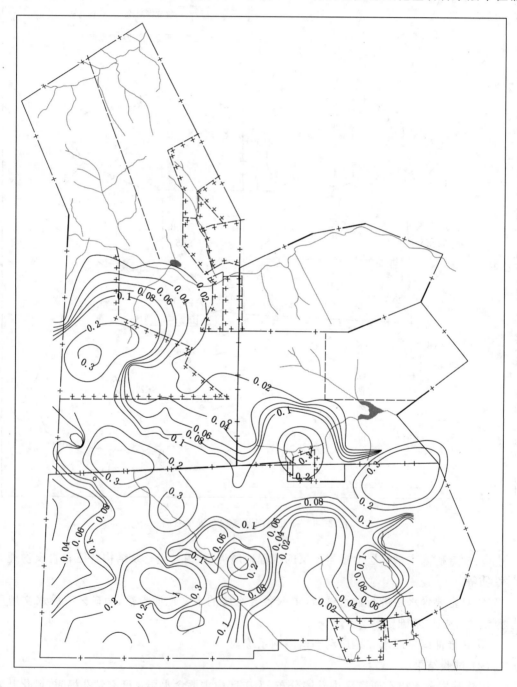

图 2-80　风化基岩富水性分区图

水量 q 为 $0.0007 \sim 2.7296$ L/(s·m),由于受地形及岩性影响,富水性分布不均,呈条带状;渗透系数 K 为 $0.0046 \sim 24.5803$ m/d。

表 2-28 风化基岩含水层抽水试验成果

钻孔编号	终孔层位	含水层厚度 /m	单位涌水量 /[L/(s·m)]	统径统降 单位涌水量 /[L/(s·m)]	渗透系数 /(m/d)	影响半径/m
SK1	2⁻²煤顶板下 5 m	74.36	0.010 8	0.012 4	0.012 3	45.74
SK2	2⁻²煤顶板下 5 m	0.95	0.194 8	0.194 0	24.580 3	588.57
SK3	2⁻²煤顶板下 5 m	4.15	0.389 1	0.365 6	10.867 0	430.89
SK6	2⁻²煤顶板下 5 m	27.00	0.078 2	0.071 8	0.283 5	116.01
SK7	2⁻²煤顶板下 5 m	11.73	0.088 7	0.085 9	0.454 7	91.16
SK8	风化带底界面下 5 m	32.00	0.034 6	0.036 8	0.097 3	66.58
SK28	2⁻²煤顶板下 5 m	5.85	0.018 2	0.016 5	0.478 1	40.91
SK29	2⁻²煤顶板下 5 m	5.64	0.022 8	0.020 7	0.403 6	10.43
SK30	2⁻²煤顶板下 5 m	11.70	0.092 9	0.112 8	0.819 7	177.35
SK4	2⁻²煤顶板下 5 m	41.93	0.017 0	0.017 0	0.057 5	74.35
SK5	风化带底界面下 5 m	18.12	0.000 7	0.000 6	0.005 0	3.93
BK1	风化带底界面下 5 m	27.85	0.013 0	0.013 7	0.045 5	38.15
BK2	风化带底界面下 5 m	13.74	0.297 0	0.454 1	4.066 8	65.54
BK3	风化带底界面下 5 m	17.29	0.008 2	0.007 3	0.088 8	2.29
BK4	风化带底界面下 5 m	22.85	0.001 2	0.001 1	0.004 6	7.28
SK9	2⁻²煤顶板下 5 m	20.05	0.027 8	0.032 8	0.132 6	102.07
SK14	风化带底界面下 5 m	13.86	0.012 8	0.011 4	0.074 7	29.93
SK15	2⁻²煤顶板下 5 m	13.99	0.098 1	0.098 7	0.674 9	103.22
SK16	风化带底界面下 5 m	21.17	2.729 6	0.939 5	12.686 5	105.8
SK17	2⁻²煤顶板下 5 m	70.65	0.070 4	0.063 3	0.152 5	45.11
SK21	2⁻²煤顶板下 5 m	38.61	0.005 0	0.004 3	0.013 9	34.78
SK22	2⁻²煤顶板下 5 m	39.94	0.031 7	0.032 7	0.087 1	46.02
SK23	风化带底界面下 5 m	10.10	0.176 3	0.145 9	1.830 0	112.5
BK5	风化带底界面下 5 m	27.29	0.012 8	0.013 4	0.037 3	24.11
BK7	风化带底界面下 5 m	25.42	0.139 0	0.137 6	0.517 0	89.26
BK8	风化带底界面下 5 m	21.65	0.008 7	0.007 9	0.042 6	27.35
BK9	风化带底界面下 5 m	22.26	0.043 1	0.039 1	0.443 4	26.66

2.3.2 注水试验

注水试验是较常见的获取地下水参数的方法。这里主要介绍常规钻孔注水测定水文参数试验、双环注水测定沟道回填土渗透性试验和定向钻孔测定岩层水文参数试验。

2.3.2.1　常规钻孔注水试验

（1）工程概况

研究区为榆横矿区的一个采煤塌陷区，煤炭开采方法是综合机械化开采，主要目的是测定煤炭开采后午城组黄土的渗透性。

（2）试验过程

① 钻孔钻进

钻孔开口直径 119 mm，采用清水钻进，钻进 7.75 m，下套管（内径 109 mm）使得试验段长度为 275 cm，在确保止水效果良好后开始试验（见图 2-81）。

图 2-81　常规钻孔注水试验

② 注水试验

在试验段被隔离后，向套管内注入清水至套管孔口，并保持固定不变，用量筒测量注入量。开始时 5 min 测量 1 次，连续测量 6 次，之后 20 min 测量 1 次，连续测量 5 次，当连续 2 次测量注入量之差不大于最后一次注入量的 10% 时，试验结束，取最后一次注入量为计算值（测量的注入量见表 2-29）。

表 2-29　钻孔注水试验注入量测量表

时刻	两次观测间隔量筒液面下降高度/cm
10:10	0
10:15	10
10:20	10
10:25	9.5
10:30	10.5
10:35	10.5
10:40	0.5
11:00	40
11:20	40
11:40	41
12:00	39.5
12:20	39.5

（3）试验结果

研究区午城组黄土在采动后，渗透系数变化有限，为 0.042 m/d，甚至较双环注水试验测定的渗透系数略小，说明现有的煤炭开采强度下午城组黄土受影响较小。

2.3.2.2　双环注水试验

（1）工程概况

矿区目前开采区域的地貌主要是黄土梁峁，这类地貌沟壑纵横，煤炭开采后为了防止雨季洪水涌入矿井，对采煤地裂缝应进行机械化充填。但是由于充填的厚度和防渗性能差异较大，还有一部分水通过充填土下渗进入采煤工作面，为此需要对充填体进行注水试验测定其渗透系数。

（2）试验过程及结果

在隔水黏土层露头处开挖长方体土坑（见图 2-82），将土坑底部整理平整，把直径分别为 25 cm、50 cm，高度均为 20 cm 的 2 个铁环以同心状压入坑底 10 cm，并确保试验段土层未被扰动。在内环（直径 25 cm 的铁环）中直接进行原位定水头试验［详细试验过程图见图 2-83(a)，试验示意图见图 2-83(b)］，初始注入内环和外环 10 cm 深的水（添加离子以标记颜色），试验过程中两环水位波动幅度控制在 0.5 cm 以内，在试验的前 30 min 内每 5 min 测定 1 次注入量，之后每 30 min 测定 1 次注入量。由于外环与内环的水同时渗流，在一定程度上可保证内环中的水为垂向一维渗流，因此以内环最后一次测定的注入量为基础，依据

图 2-82　试验土坑

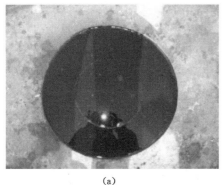

(a)

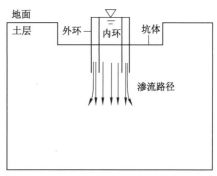

(b)

图 2-83　试验过程图及示意图

公式可以计算充填土体的原位渗透系数,计算参数及结果如表 2-30 所示,其中 H_a 按经验取值,Z 则通过注水试验后现场开挖实测获得,如图 2-84 所示。

表 2-30 双环试验计算参数

试验层位	$Q/(L/min)$	Z/cm	H/cm	H_a/cm	S/cm^2	$K/(m/d)$
午城组黄土	0.003 4	53	10	80	490.6	0.051

图 2-84 双环注水试验渗透深度示意图

试验结果显示,经过机械化充填的土层渗透性有保障,较天然的黄土层渗透性大。

2.3.2.3 定向钻孔注水试验

(1)工程概况

渭北石炭二叠纪煤田韩城矿区属于带压开采,受下伏灰岩水害威胁严重。为了查明不同深度段的灰岩的水文特性,通过不同深度的钻孔进行注水试验。

(2)试验过程及结果

试验的地点在韩城矿区马沟渠矿,层位有 5 段,第一段为 11 煤底板至奥灰顶段,第二段为奥灰顶面向下 20 m 范围,第三段为第二段底部向下 30 m 范围,第四段为第三段底部向下 50 m 范围,第五段为第四段底部向下至终孔范围。

每个注水段水位分别抬高 5 m,10 m,15 m 3 个水头,分别稳定 3～6 h,每半小时观测 1 次,利用所观测水位及水量数据求出单位吸水量。共计完成 15 个钻孔,钻探进尺 7 351.38 m,注水试验段 49 个。

① 第一试验段

11 煤底板至奥灰顶段岩性以铝土泥岩为主,含砂质泥岩等,多为隔水层。本段的单位吸水量在 0～0.09 L/(MPa·m·min),绝大多数集中在 0～0.01 L/(MPa·m·min)(占总数的 53%)。从单位吸水量的数据可以看出,11 煤底板至奥灰顶段为整体隔水层。

② 第二试验段

第二试验段以泥灰岩为主,角砾状灰岩、泥质灰岩、白云质灰岩、灰岩、泥灰岩等相间。第二试验段单位吸水量在 0～0.1 L/(MPa·m·min),绝大多数集中在 0.01～0.05 L/(MPa·m·min)(占总数的 53%)。从单位吸水量的数据可以看出,奥灰顶面向下 20 m 范围为相对隔水层。

③ 第三试验段

第三试验段的岩性与第二试验段相似,同样以泥灰岩为主,角砾状灰岩、泥质灰岩、白云质灰岩、灰岩、泥灰岩等相间。第三试验段单位吸水量在 0.003 11~20 L/(MPa·m·min),为相对隔水层。

④ 第四、五试验段

揭露该试验段并完成注水试验的钻孔有限,原因是孔内水位变化较大和大量的塌孔现象存在,单位吸水量主要集中在 0.08~0.1 L/(MPa·m·min)。由注水钻孔揭露情况可以看出,第四、五试验段岩溶较发育。

注水试验显示,在韩城矿区奥灰顶面向下 50 m 以内岩溶发育较弱,50~100 m 范围内岩溶较为发育,岩溶发育不均质,在垂向上表现出明显的分带性。

2.3.3　放水试验

放水试验是较常见的在井下获取承压水参数的方法。这里主要介绍单孔放水测定水文参数试验和群孔放水测定水文参数试验。

2.3.3.1　单孔放水试验

(1) 试验原理

放水试验之所以区别于抽水试验,是由于含水层承压,无法观测到非稳定阶段和稳定阶段的含水层水位,因此无法求取相关的水文参数。

仪器主要采用水力学中的伯努利水压能、水势能和水动能的三者转化关系,来设计求取相关水文参数。其原理如式(2-1)所示。

$$H + \frac{p}{\rho g} + \frac{v^2}{2g} = H' + \frac{p'}{\rho g} + \frac{v'^2}{2g} + h \tag{2-1}$$

式中,H,p,v 分别为一组水头高度、水压力、水流速;H',p',v' 分别是另一组水头高度、水压力、水流速;h 为转换过程水头的总损失。两组水以流量控制阀为界,由于水势能在一个水平上,因此主要是水压力转化为水动能和转化过程中的损失的总和,其中当压力稳定后,放水试验达到稳定,则由放水产生的水位降深 S 由式(2-2)计算。

$$S = \frac{p_0 - (p_1 + \Delta p)}{\rho g} = \frac{v'^2}{2g} = \frac{\left(\frac{Q_1}{A}\right)^2}{2g} \tag{2-2}$$

式中,S 为含水层水位降深;p_0 为钻孔中原始水压力;p_1 为钻孔中任一时刻的水压力;Δp 为钻孔放水时的水头损失对应的压力;Q_1 为放水试验确定的放水量;A 为放水试验对应的放水管截面积;ρ 为水的密度[27]。

其中,稳定流可以利用放水量 Q_1 来计算;若是非稳定流则需要通过参数 p_0,p_1 和 Δp 来计算,其中 Δp 可依据水力学中管嘴出流模型来计算,即式(2-3)。

$$\Delta p = \frac{\zeta \left(\frac{Q_1}{A}\right)^2 \rho}{2} \tag{2-3}$$

式中,ζ 为管嘴出流水头损失系数,一般取 0.5。

在得到任意状态下降深 S 的基础上,可以求取常见的水文参数 q 和 K,并绘制相关的曲线。

(2) 试验过程

为求取相关参数,单孔放水试验过程应有以下步骤:

步骤一：按照求取单位涌水量参数 q 的孔内径要求进行放水孔施工，依据钻孔柱状图获取放水目标含水层厚度 M。

步骤二：依据现场放水孔施工获得钻孔中原始水压力 p_0、最大放水量 Q_0。

步骤三：保持放水量 Q_1 波动幅度小于 3%，其中 $Q_0/4 \leqslant Q_1 < Q_0$。

步骤四：保持放水量 Q_1 一定时间后停止放水试验，得钻孔中压力稳定值 p_1。

步骤五：依据水力学中伯努利方程，放水量保持在 Q_1 的情况下，水压力下降值 Δp 则转换成放水量 Q_1 及该过程中的水头总损失 h，进而求得任一时刻放水钻孔中含水层的水压力，其中，稳定后放水孔中含水层的水压力为 $p_1 + \Delta p$，Δp 可依据水力学中管嘴出流模型取水头损失系数来计算。

步骤六：由放水孔中含水层的水压力和原始水压力，求出放水过程中含水层任一时刻的水位降深，其中放水稳定后的放水孔中含水层水位降深 S 按照式(2-2)计算。

步骤七：依据地下水动力学中的裘布依公式求出渗透系数 K：

$$K = \frac{Q_1}{2\pi SM} \ln \frac{R}{r} \qquad (2\text{-}4)$$

式中，K 为含水层渗透系数；$R = 10S\sqrt{K}$，为放水试验影响半径；r 为放水孔内半径。

步骤八：重复步骤二至步骤六 3 次以上，分别选取不同的放水量 $Q_1, Q_2, Q_3, \cdots, Q_n$，对应求得不同的含水层降深 $S_1, S_2, S_3, \cdots, S_n$，绘制 $Q\text{-}S$ 曲线；依据曲线求得降深 10 m 对应的放水量 Q，并换算成钻孔内径为 91 mm 的放水量 Q_{91}，进而求得钻孔单位涌水量 q：

$$q = \frac{Q_{91}}{10} \qquad (2\text{-}5)$$

这里需要说明的是，最大降深 S_{max} 应满足注浆探查范围的要求，即

$$R_{max} = 10S_{max}\sqrt{K} = (0.5 \sim 1.5)R_j \qquad (2\text{-}6)$$

式中，R_j 为注浆浆液的扩散半径，该半径可通过相关公式计算得到。之所以有此要求，因为灰岩含水层为强烈非均质含水层，探查范围不同其水文参数有较大差异，为指导注浆工程，需要对一定扩散范围内的水文地质条件进行计算。

2.3.3.2　群孔放水试验

（1）工程概况

渭北石炭二叠纪煤田属于华北型煤田，底板承压水对煤炭工程威胁较大。为了查明区域水文地质条件，需要开展群孔放水试验。

（2）试验过程及结果

澄合矿区在 1989 年进行过一次大规模的放水试验，放水孔共 16 个，观测孔 11 个，试验共分 3 个阶段。3 次放水试验的水量分别为 1 000～1 145 m³/h、1 000 m³/h、1 100 m³/h。放水试验的水位恢复速度如图 2-85 所示。

由图 2-85 可以看出，渭北石炭二叠纪煤田澄合矿区的岩溶发育表现出显著的非均质特性，在隔水构造方向上水力传递慢，在导水构造方向上水力传递快。

试验结果显示，放水试验水位动态曲线与理想条件下均匀介质的曲线有较大的差别，即该区岩溶有显著的非均一性。

2.3.4　压水试验

压水试验是较常见的获取岩层含隔水性的方法。这里主要介绍岩体压水试验和采动隔

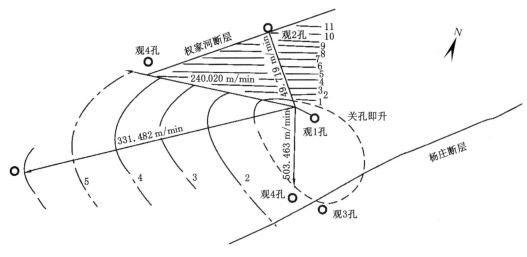

图 2-85　水位恢复速度示意图

水土层压水试验。

2.3.4.1　岩体压水试验

（1）工程概况

渭北石炭二叠纪煤田韩城矿区在井下揭露了奥灰地层，并承受一定的静水压力。为了测定岩体的水文特性，对不同段进行压水试验[28]。

在韩城矿区桑树坪矿南一采区对 11 个钻孔进行了压水试验。压水试验成果见表 2-31。

表 2-31　岩体渗透性分级标准

渗透性等级	标　准		岩体特征
	渗透系数/(cm/s)	透水率 q/Lu	
极微透水	$0\sim<10^{-6}$	$0\sim<0.1$	含张开度 <0.025 mm 的裂隙
微透水	$10^{-6}\sim<10^{-5}$	$0.1\sim<1$	含张开度 $0.025\sim0.05$ mm 的裂隙
弱透水	$10^{-5}\sim<10^{-4}$	$1\sim<10$	含张开度 $0.05\sim0.1$ mm 的裂隙
中等透水	$10^{-4}\sim<10^{-2}$	$10\sim<100$	含张开度 $0.1\sim0.5$ mm 的裂隙
强透水	$10^{-2}\sim<1$	$\geqslant100$	含张开度 $0.5\sim2.5$ mm 的裂隙
极强透水	$\geqslant1$		含张开度 >2.5 mm 的裂隙或连通孔洞

（2）试验过程及结果

① T1 孔

在该孔孔深 $36.98\sim115.27$ m 间依据地层岩性划分 16 层段进行压水试验，试验段最长 6.08 m，最短 3.47 m，其中 $11^{\#}$ 煤层底板至奥灰顶面压水试验 4 个段次，奥灰峰峰组二段 4 个段次，奥灰峰峰组一段 8 个段次。T1 孔压水试验透水率变化曲线见图 2-86。

压水试验岩层试段的透水率是在总压力为 1 MPa 时的单位流量(L/min)，即 1 MPa 时以 1 L/min 的流量进入 1 m 长度的试段岩层中其透水率为 1 Lu。

T1 孔在 $11^{\#}$ 煤层底板至奥灰顶面($36.98\sim52.85$ m)的段长为 15.87 m，该段为不出水段。分 4 个段次进行压水试验，透水率分别为 0.30 Lu、0.02 Lu、0.04 Lu、0.064 Lu，其岩体

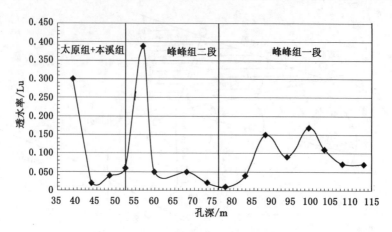

图 2-86 T1 孔透水率变化曲线

渗透性等级在微透水(0.1~1 Lu)和极微透水(0~0.1 Lu)范围。

该孔在奥灰峰峰组二段(52.85~76.25 m)段长为 23.40 m,该段为不出水段。分 4 个段次进行压水试验,透水率分别为 0.39 Lu、0.05 Lu、0.05 Lu、0.02 Lu,其岩体渗透性等级在微透水和极微透水范围。

该孔在奥灰峰峰组一段(76.25~115.27 m)段长为 39.02 m,涌水量观测表明该试段弱富水。压水试验的透水率分别为 0.01 Lu、0.04 Lu、0.15 Lu、0.09 Lu、0.17 Lu、0.11 Lu、0.07 Lu、0.07 Lu,其岩体渗透性等级在微透水和极微透水范围。

一般将渗透系数小于 10^{-5} cm/s 岩层(透水率为 0~<0.1 Lu)的岩层作为隔水层,将渗透系数为 10^{-5}~10^{-4} cm/s 的弱透水(透水率为 1~<10 Lu)岩层作为相对隔水层。该孔各压水试验段的透水率均较低,岩体渗透系数小于 10^{-5} cm/s。因此,该孔 11# 煤层底板向下 78.29 m 岩层可作为带压开采的隔水层段。

② T2 孔

该孔在钻探过程中全孔无出水。在孔深 42.20~120.50 m 间依据地层岩性划分 16 层段进行压水试验,试段最长 5.5 m,最短 3.0 m,其中 11# 煤层底板至奥灰顶面压水试验 6 个段次,奥灰峰峰组二段 1 个段次,奥灰峰峰组一段 9 个段次。T2 孔压水试验透水率变化曲线见图 2-87。

该孔在 11# 煤层底板至奥灰顶面(42.20~68.20 m)的段长为 26.00 m,分 6 个段次进行压水试验,透水率分别为 0.23 Lu、0.03 Lu、0.01 Lu、0.01 Lu、0.04 Lu、0.16 Lu。

该孔在奥灰峰峰组二段(68.20~75.15 m)分 1 个段次进行压水试验,透水率为 0.39 Lu。

该孔在奥灰峰峰组一段(75.15~120.50 m)分 9 个段次进行压水试验,透水率分别为 0.04 Lu、0.02 Lu、0.02 Lu、0.03 Lu、0.03 Lu、0.06 Lu、0.08 Lu、0.10 Lu、0.13 Lu。

该孔各压水段次岩体渗透性等级均在微透水和极微透水范围,岩体渗透系数小于 10^{-5} cm/s,因此该孔 11# 煤层底板向下 78.30 m 岩层可作为带压开采的隔水层段。

③ T3 孔

该孔在钻探过程中全孔无出水。在孔深 52.68~123.02 m 间依据地层岩性划分 15 层段进行压水试验,试段最长 6.78 m,最短 2.35 m,其中 11# 煤层底板至奥灰顶面压水试验

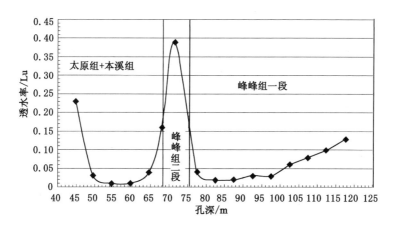

图 2-87　T2 孔透水率变化曲线

5 个段次,奥灰峰峰组二段 1 个段次,奥灰峰峰组一段 9 个段次。T3 孔压水试验透水率变化曲线见图 2-88。

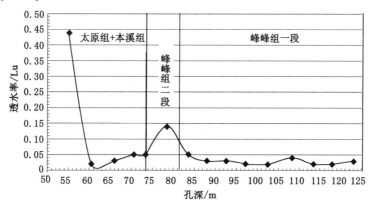

图 2-88　T3 孔透水率变化曲线

该孔在 11# 煤层底板至奥灰顶面(52.68～73.60 m)的段长为 20.92 m,分 5 个段次进行压水试验,其透水率分别为 0.44 Lu、0.02 Lu、0.03 Lu、0.05 Lu、0.05 Lu。

该孔在奥灰峰峰组二段(73.60～81.60 m)分 1 个段次进行压水试验,透水率为 0.14 Lu。

该孔在奥灰峰峰组一段(81.60～123.02 m)分 9 个段次进行压水试验,透水率分别为 0.05 Lu、0.03 Lu、0.03 Lu、0.02 Lu、0.02 Lu、0.04 Lu、0.02 Lu、0.02 Lu、0.03 Lu。

该孔各压水段次岩体渗透性等级均在微透水和极微透水范围,岩体渗透系数小于 10^{-5} cm/s,因此该孔 11# 煤层底板向下 70.34 m 岩层可作为带压开采的隔水层段。

④ T4 孔

在该孔孔深 31.34～104.52 m 间依据地层岩性划分 15 层段进行压水试验,试段最长 5.60 m,最短 2.20 m,其中 11# 煤层底板至奥灰顶面压水试验 4 个段次,奥灰峰峰组二段 1 个段次,奥灰峰峰组一段 10 个段次。T4 孔压水试验透水率变化曲线见图 2-89。

该孔在 11# 煤层底板至奥灰顶面间(31.34～51.00 m)段长为 19.66 m,该段钻探时无

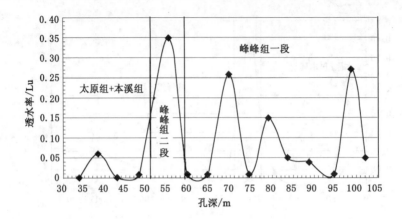

图 2-89　T4 孔透水率变化曲线

出水,分 4 个段次进行压水试验,其透水率分别为 0 Lu、0.06 Lu、0 Lu、0.01 Lu。

该孔在奥灰峰峰组二段(51.00～59.40 m)分 1 个段次进行压水试验,透水率为 0.35 Lu。

该孔在奥灰峰峰组一段(59.40～104.52 m)分 10 个段次进行压水试验,透水率分别为 0.01 Lu、0.01 Lu、0.26 Lu、0.01 Lu、0.15 Lu、0.05 Lu、0.04 Lu、0.01 Lu、0.27 Lu、0.05 Lu。

该孔各压水段次岩体渗透性等级均在微透水和极微透水范围,岩体渗透系数小于 10^{-5} cm/s,因此该孔 11# 煤层底板向下 73.18 m 岩层可作为带压开采的隔水层段。

⑤ T5 孔

在该孔孔深 14.20～81.50 m 间依据地层岩性划分 13 层段进行压水试验,试段最长 6.3 m,最短 4.3 m,其中 11# 煤层底板至奥灰顶面压水试验 3 个段次,奥灰峰峰组二段 3 个段次,奥灰峰峰组一段 7 个段次。T5 孔压水试验透水率变化曲线见图 2-90。

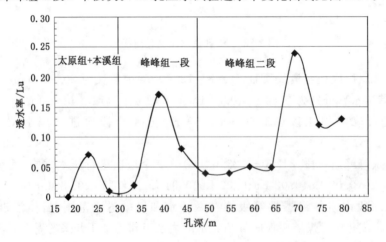

图 2-90　T5 孔透水率变化曲线

该孔在 11# 煤层底板至奥灰顶面间(14.20～29.00 m)段长为 14.80 m,该段钻探时无出水,分 3 个段次进行压水试验,其透水率分别为 0 Lu、0.07 Lu、0.01 Lu。

该孔在奥灰峰峰组二段(29.00～47.00 m)分 3 个段次进行压水试验,透水率分别为

0.02 Lu、0.17 Lu、0.08 Lu。

该孔在奥灰峰峰组一段(47.00～81.50 m)分 7 个段次进行压水试验,透水率分别为 0.04 Lu、0.04 Lu、0.05 Lu、0.05 Lu、0.24 Lu、0.12 Lu、0.13 Lu。

该孔各压水段次岩体渗透性等级均在微透水和极微透水范围,岩体渗透系数小于 10^{-5} cm/s,因此该孔 11# 煤层底板向下 67.30 m 岩层可作为带压开采的隔水层段。

⑥ T6孔

在该孔孔深 49.30～130.20 m 间依据地层岩性划分 17 层段进行压水试验,试段最长 7.20 m,最短 3.50 m,其中 11# 煤层底板至奥灰顶面压水试验 6 个段次,奥灰峰峰组二段 6 个段次,奥灰峰峰组一段 4 个段次。T6孔压水试验透水率变化曲线见图 2-91。

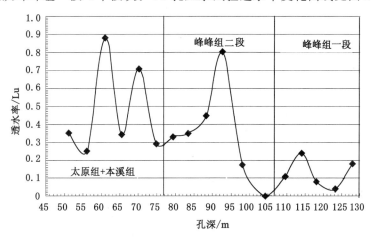

图 2-91　T6孔透水率变化曲线

该孔在 11# 煤层底板至奥灰顶面间(49.30～76.90 m)段长为 27.60 m,该段钻探时无出水,分 6 个段次进行压水试验,其透水率分别为 0.35 Lu、0.25 Lu、0.88 Lu、0.34 Lu、0.71 Lu、0.29 Lu。

该孔在奥灰峰峰组二段(76.90～106.8 m)分 6 个段次进行压水试验,透水率分别为 0.33 Lu、0.35 Lu、0.45 Lu、0.80 Lu、0.17 Lu、0 Lu。

该孔在奥灰峰峰组一段(106.8～130.20)分 5 个段次进行压水试验,透水率分别为 0.11 Lu、0.24 Lu、0.08 Lu、0.04 Lu、0.18 Lu。

该孔各压水段次岩体渗透性等级均在微透水和极微透水范围,岩体渗透系数小于 10^{-5} cm/s,因此该孔 11# 煤层底板向下 80.90 m 岩层可作为带压开采的隔水层段。

⑦ T7孔

在该孔孔深 50.14～125.30 m 间依据地层岩性划分 15 层段进行压水试验,试段最长 5.90 m,最短 4.10 m,其中 11# 煤层底板至奥灰顶面压水试验 5 个段次,奥灰峰峰组一段 6 个段次,奥灰上马家沟组三段 4 个段次。T7孔压水试验透水率变化曲线见图 2-92。

该孔在 11# 煤层底板至奥灰顶面间(50.14～74.60 m)段长为 24.46 m,该段钻探时无出水,分 5 个段次进行压水试验,其透水率分别为 0 Lu、0.06 Lu、0.01 Lu、0.04 Lu、0.02 Lu。

该孔在奥灰峰峰组一段(74.60～106.93 m)分 6 个段次进行压水试验,透水率分别为 0.29 Lu、0.08 Lu、0.04 Lu、0.15 Lu、0.06 Lu、0.06 Lu。

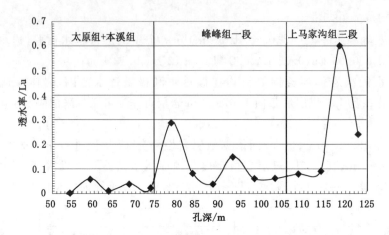

图 2-92 T7 孔透水率变化曲线

该孔在奥灰上马家沟组三段（106.93～125.30 m）分 4 个段次进行压水试验，透水率分别为 0.08 Lu、0.09 Lu、0.60 Lu、0.24 Lu。

该孔各压水段次岩体渗透性等级均在微透水和极微透水范围，岩体渗透系数小于 10^{-5} cm/s，因此该孔 11# 煤层底板向下 75.16 m 岩层可作为带压开采的隔水层段。

⑧ T8 孔

该孔开孔层位位于中奥陶统峰峰组一段，在孔深 7.20～54.64 m 间依据地层岩性划分 10 层段进行压水试验，试段最长 5.71 m，最短 3.7 m，其中奥灰峰峰组一段 9 个段次，奥灰上马家沟组三段 1 个段次。T8 孔压水试验透水率变化曲线见图 2-93。

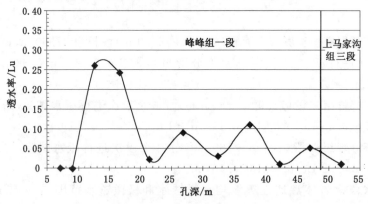

图 2-93 T8 孔透水率变化曲线

该孔在奥灰峰峰组一段（7.20～48.78 m）分 9 个段次进行压水试验，透水率分别为 0 Lu、0.26 Lu、0.24 Lu、0.02 Lu、0.09 Lu、0.03 Lu、0.11 Lu、0.01 Lu、0.05 Lu。

该孔在奥灰上马家沟组三段（48.78～54.64 m）分 1 个段次进行压水试验，透水率为 0.01 Lu。

该孔各压水段次岩体渗透性等级均在微透水和极微透水范围，岩体渗透系数小于 10^{-5} cm/s，因此该孔揭露奥灰 54.64 m 可作为带压开采的隔水层段。

⑨ T10 孔

在该孔孔深 46.30～114.10 m 间依据岩性划分 14 层段进行压水试验,试段最长 6.30 m,最短 2.60 m,其中 11# 煤层底板至奥灰顶面压水试验 3 个段次,奥灰峰峰组二段 5 个段次,奥灰峰峰组一段 6 个段次。T10 孔压水试验透水率变化曲线见图 2-94。

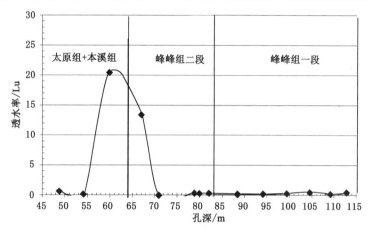

图 2-94 T10 孔透水率变化曲线

该孔在 11# 煤层底板至奥灰顶面间(46.30～64.00 m)段长为 17.70 m,该段钻探时无出水,分 3 个段次进行压水试验,其透水率分别为 0.70 Lu、0.18 Lu、20.441 Lu。

该孔在奥灰峰峰组二段(64.00～83.00 m)分 5 个段次进行压水试验,透水率分别为 13.50 Lu、0 Lu、0.3 Lu、0.3 Lu、0.25 Lu。

该孔在奥灰峰峰组一段(83.00～114.10 m)分 6 个段次进行压水试验,透水率分别为 0.21 Lu、0.21 Lu、0.32 Lu、0.53 Lu、0.26 Lu、0.38 Lu。

该孔 11# 煤层底板至奥灰顶面间第 3 段次的透水率为 20.441 Lu;奥灰峰峰组二段顶面附近第 1 段次,试段长度为 5.3 m,压水试验水压为 0.3 MPa 时透水率为 13.5 Lu,由于该段岩层比较破碎,当压水试验流量为 190 L/min 时水压仅为 0.4 MPa,达不到 1 MPa 要求,按比例换算水压为 1 MPa 时的透水率为 89.62 Lu,后对该段进行水泥注浆,注浆后继续钻进。这两段岩体渗透性等级为中等透水(透水率为 10～100 Lu),岩体渗透系数为 10^{-4}～10^{-2} cm/s。这两段岩体在钻探过程中都无出水,按单位试段涌水量小于 0.1 L/(s·m) 为弱富水性,因此将这两段当作相对隔水层。

其他各压水段次岩体渗透性等级均在微透水和极微透水范围,岩体渗透系数小于 10^{-5} cm/s,因此该孔 11# 煤层底板向下 67.80 m 岩层可作为带压开采的隔水层段。

⑩ T11 孔

在该孔孔深 19.30～87.22 m 间依据岩性划分 12 层段进行压水试验,试段最长 6.35 m,最短 3.66 m,其中 11# 煤层底板至奥灰顶面压水试验 2 个段次,奥灰峰峰组二段 3 个段次,奥灰峰峰组一段 7 个段次。T11 孔压水试验透水率变化曲线见图 2-95。

该孔在 11# 煤层底板至奥灰顶面间(19.30～36.55 m)段长为 17.25 m,该段钻探时无出水,分 2 个段次进行压水试验,其透水率分别为 0.03 Lu、0.03 Lu。

该孔在奥灰峰峰组二段(36.55～52.07 m)分 3 个段次进行压水试验,透水率分别为 0.04 Lu、0.03 Lu、0.03 Lu。

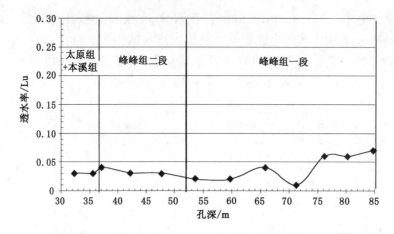

图 2-95　T11 孔透水率变化曲线

该孔在奥灰峰峰组一段(52.07～87.22 m)分 5 个段次进行压水试验,透水率分别为 0.11 Lu、0.24 Lu、0.08 Lu、0.04 Lu、0.18 Lu。

该孔各压水段次岩体渗透性等级均在微透水和极微透水范围,岩体渗透系数小于 10^{-5} cm/s,因此该孔 11# 煤层底板向下 67.92 m 岩层可作为带压开采的隔水层段。

2.3.4.2　采动隔水土层压水试验

(1) 工程概况

神南矿区煤炭开采造成导水裂缝沟通隔水土层。在煤层开采稳定后,对隔水土层进行地面的压水试验,以评估煤炭开采对浅表水资源的影响。

(2) 试验过程

影响黏土渗透性的因素很多,变水头测试仅能反映矿物成分、密实程度等影响因素,而煤炭开采会造成应力重新分布,产生的附加应力对黏土层有压缩及剪切作用,使得黏土的结构发生改变从而造成其渗透性的巨大变化。为全面了解黏土渗透性在采动前后的变化情况,进行了现场压水试验(见图 2-96)。

研究共计施工 21 个钻孔,压水试验 16 次,采前、采后共计 9 个钻孔点。

(3) 试验结果分析

试验主要结果概述如下:

① 在煤炭开采前,隔水土层有良好的隔水性。

② 在煤炭开采后,研究区隔水层整体上失去了良好的隔水性。

③ 在煤炭开采后,不同影响范围内,隔水性变化受矿山压力和岩层移动规律控制。

④ 在煤炭开采后,裂缝有一定的弥合现象,说明在沉陷稳定后,隔水层隔水性在天然条件下可以逐渐恢复,但所需要的恢复时间整体较长,1 a 时间也不足以恢复到采前状态。

2.3.5　简易水文观测

简易水文观测是在实施其他探查技术时,进行的一种简单易实施的观测。相应的观测结果有时较为重要,这里主要介绍"三带"孔简易水文观测和井上下岩溶简易水文观测。

2.3.5.1　"三带"孔简易水文观测

"三带"孔简易水文观测有相关规程作为参考,这里不再大篇幅叙述。本书主要介绍陕

(a) 压力表、流量表及水泵

(b) DPP—100 钻机钻杆

(c) 套管压水

图 2-96　现场压水试验

北侏罗纪煤田"三带"孔简易水文观测过程中的一些实施经验。

① 一般研究区钻孔冲洗液消耗量较大,但区域水资源珍贵,需要提前储存足够的水资源,否则容易造成观测中断。

② 在简易水文观测的过程中,记录的水位一般为钻孔的假水位,水位变化速度较快。这就需要统一简易水文观测的标准。

③ 由于土层中存在自动产生浆液现象,简易水文观测需要加大工作的密度,在泥浆护壁前进行观测。

④ 基岩中存在负压吸风的现象,即有较大的漏点,这种大型离层类的裂隙对简易水文观测有巨大的影响,需要对其封孔后再透孔观测。

⑤ 单个煤炭开采后的工作面观测孔不足以全面揭露"三带"高度,一般需要 2 个以上钻孔,以防止不可预料的情况发生。

⑥ 垮落带容易出现卡钻的现象，因此钻孔常常不钻至底板以下。

⑦ 由于一个采煤工作面较大，可能存在不同的采煤厚度情况，需要准确获取简易水文观测点的采煤厚度。

⑧ 煤炭开采后，土层可以在压力作用下缓缓地趋于闭合，因此简易水文观测的结果可能有一定的误差。

⑨ 风沙滩地区，由于沉积速率较高，煤炭开采后地表的裂隙很快被充填，相应的简易水文观测钻孔在实施过程中有塌孔的危险性，需要对选点进行反复踏勘。

⑩ 简易水文观测作为最直接的手段，是目前最公认可行的手段，其他手段的准确性需要以此作为检验标准。

2.3.5.2 井上下岩溶简易水文观测

(1) 工程概况

韩城矿区岩溶在地表有所出露，在地下也被钻孔揭露。通过在岩溶揭露处进行简易水文观测，可以有效地获取岩溶发育的规律，从而为工程实施提供水文地质依据。

(2) 简易水文观测过程及结果

① 地下岩溶

桑树坪井田内共施工揭露奥灰岩的钻孔 14 个，除 112 号、125 号孔处岩溶较发育外，其余各孔仅在个别地段有蜂窝状、网格状小溶孔及溶蚀现象。

112 号孔：揭露灰岩 183.09 m，100.00 m 以上岩溶不发育(仅在 95.00 m 处有溶孔发育，标高 325.44 m)；103.40 m 以下裂隙发育，冲洗液全部漏失(约 3 L/s)；158.46 m 处有 0.02～0.03 m 的小溶洞；172.06 m 以下溶蚀严重，有 0.5 m 溶洞 1 个。该孔岩溶率为 0.3%。

125 号孔：揭露灰岩 257.21 m，在 18.72～33.46 m(标高 386.40～371.66 m)裂隙较发育，有溶蚀现象及 0.1 m 的溶洞；在 35.79 m 以下，冲洗液全部漏失；35.79 m 以下岩溶发育情况如表 2-32 所示；144.66～257.21 m，岩溶不发育，仅在局部有溶蚀现象及蜂窝状、网格状小溶孔发育。该孔岩溶率为 1.61%。

表 2-32　125 号孔岩溶发育情况统计表　　　　　单位：m

起止深度	溶洞大小	起止深度	溶洞大小
66.91～69.62	0.70	102.31～102.71	0.40
77.93～78.03	0.10	105.12～105.32	0.20
88.13～88.33	0.20	142.36～143.36	1.00
100.91～101.61	0.70	143.86～144.88	0.80

125′号孔与 125 号孔相距 5.1 m，揭露灰岩 120.74 m。该孔 8.27～8.92 m 处有 0.65 m 的岩溶裂隙带(洞底标高 399.18 m)；66.79～69.24 m 处有 2.25 m 的溶洞(上面 0.85 m 钻具自动陷落，下面 1.40 m 钻具旋转快速下落)；69.86～70.68 m 处有 0.82 m 的溶洞；101.57～101.97 m 处有 0.4 m 的溶洞，钻具陷落。125′号孔岩溶率为 2.7%。该孔为无岩芯钻进，岩溶发育层位及标高与 125 号孔基本一致，两孔静水位相同，升降变化相同，证明岩溶相互贯通。

② 地表岩溶

据当地地质队对地表的观察,研究区奥灰岩中岩溶有所发育,但并不多,主要集中在峰峰组二段和马家沟组二段中。

2.4　水文地球化学测试技术与实践

2.4.1　工程概况

榆神矿区在大规模开采前实施了 70 余口水文钻孔,对区内的 8 个主要含水层的水质进行了测试,共计 85 层次,然后对 8 个含水层的水质进行了分析。

2.4.2　主要含水层水质特征

第四系松散层潜水、风化基岩裂隙水、烧变岩潜水和洛河组砂岩孔隙水的水化学类型没有大的变化,水化学类型较为单一,多为 $HCO_3^- \text{-} Ca^{2+}$、$HCO_3^- \text{-} Ca^{2+} \cdot Mg^{2+}$ 或 $HCO_3^- \text{-} Ca^{2+} \cdot Na^+$ 型水,矿化度多小于 0.45 g/L。究其原因是这些地下水径流速度快、循环周期短。

下部的基岩由于结构致密、裂隙不发育,地下水流缓慢;在垂向上,自上而下地下水水化学类型变复杂、矿化度增大、水质变差。

2.4.3　主要含水层水质评价

(1) 萨拉乌苏组潜水

经采样测试,水的 pH 为 7.3～8.5,属中性水至弱碱性水;总硬度为 119.6～245.2 mg/L,属软水至微硬水;溶解性总固体含量为 176.0～332.0 mg/L,属淡水。按地下水水质常规指标单项组分评价,属Ⅰ至Ⅳ类,以Ⅰ至Ⅱ类为主,Ⅳ类指标为 NH_4^+、NO_3^- 含量;按地下水水质常规指标综合评价,属Ⅱ至Ⅳ类,以Ⅱ至Ⅲ类为主。

根据评价结果可知,萨拉乌苏组潜水水质总体上属于Ⅱ至Ⅲ类,在大部分地区没有被污染,主要适用于集中式生活饮用水水源及工农业用水;而在局部地区 NH_4^+、NO_3^- 含量超标,达到Ⅳ类,适用于农业和部分工业用水,在适当处理后可作生活饮用水。

(2) 离石组潜水

经采样测试,水的 pH 为 7.2～8.1,属中性水至弱碱性水;总硬度为 115.1～154.2 mg/L,属软水至微硬水;溶解性总固体含量为 156.1～196.0 mg/L,属淡水。按地下水水质常规指标单项组分评价,属Ⅰ至Ⅳ类,以Ⅰ至Ⅱ类为主,Ⅳ类指标为 NO_3^- 含量;按地下水水质常规指标综合评价,属Ⅲ至Ⅳ类,以Ⅲ类为主。

根据评价结果可知,离石组潜水水质总体上属于Ⅲ类,在大部分地区没有被污染,主要适用于集中式生活饮用水水源及工农业用水;而在局部地区 NO_3^- 含量超标,达到Ⅳ类,适用于农业和部分工业用水,在适当处理后可作生活饮用水。

(3) 风化基岩潜水至承压水

经采样测试,水的 pH 为 7.5～8.4,属中性水至弱碱性水;总硬度为 82.2～272.4 mg/L,属软水至微硬水;溶解性总固体含量为 192.0～261.2 mg/L,属淡水。按地下水水质常规指标单项组分评价,属Ⅰ至Ⅲ类,以Ⅰ类为主;按地下水水质常规指标综合评价,属Ⅱ至Ⅲ类,以Ⅲ类为主。

根据评价结果可知,风化基岩潜水至承压水水质属于Ⅱ至Ⅲ类,没有被污染,主要适用于集中式生活饮用水水源及工农业用水。

（4）洛河组潜水至承压水

经采样测试,水的 pH 为 7.4～9.1,属中性水至弱碱性水;总硬度为 30.0～226.8 mg/L,属极软水至微硬水;溶解性总固体含量为 192.2～422.0 mg/L,属淡水。按地下水水质常规指标单项组分评价,属Ⅰ至Ⅴ类,以Ⅰ至Ⅱ类为主,Ⅳ、Ⅴ类指标为 pH;按地下水水质常规指标综合评价,属Ⅲ至Ⅴ类,以Ⅲ类为主。

根据评价结果可知,洛河组潜水至承压水水质总体上属于Ⅲ类,在大部分地区没有被污染,主要适用于集中式生活饮用水水源及工农业用水;而在个别地区酸碱性呈碱性,达到Ⅴ类,不宜作生活饮用水。

（5）安定组承压水

经采样测试,水的 pH 为 7.9～8.3,属中性水至弱碱性水;总硬度为 57.1～272.5 mg/L,属极软水至微硬水;溶解性总固体含量为 209.4～751.8 mg/L,属淡水。按地下水水质常规指标单项组分评价,属Ⅰ至Ⅴ类,以Ⅰ至Ⅱ类为主,Ⅴ类指标为 SO_4^{2-} 含量;按地下水水质常规指标综合评价,属Ⅱ至Ⅴ类,以Ⅲ类为主。

根据评价结果可知,安定组承压水水质总体上属于Ⅲ类,在大部分地区没有被污染,主要适用于集中式生活饮用水水源及工农业用水;而在局部地区 SO_4^{2-} 含量超标,达到Ⅴ类,不宜作生活饮用水。

（6）直罗组承压水

经采样测试,水的 pH 为 7.4～9.1,属中性水至弱碱性水;总硬度为 19.8～270.3 mg/L,属极软水至微硬水;溶解性总固体含量为 177.8～2 155.1 mg/L,属淡水至微咸水。按地下水水质常规指标单项组分评价,属Ⅰ至Ⅴ类,以Ⅰ至Ⅱ类为主,Ⅴ类指标为 Na^+、SO_4^{2-}、F^- 含量;按地下水水质常规指标综合评价,属Ⅲ至Ⅴ类。

根据评价结果可知,直罗组承压水水质大部分属于Ⅲ类,没有被污染,主要适用于集中式生活饮用水水源及工农业用水;而在部分地区 Na^+、SO_4^{2-}、F^- 含量超标,达到Ⅴ类,不宜作生活饮用水。

（7）延安组承压水

经采样测试,水的 pH 为 7.6～8.4,属中性水至弱碱性水;总硬度为 139.2～431.5 mg/L,属软水至硬水;溶解性总固体含量为 212.0～1 874.8 mg/L,属淡水至微咸水。按地下水水质常规指标单项组分评价,属Ⅰ至Ⅴ类,以Ⅰ至Ⅱ类为主,Ⅴ类指标为 SO_4^{2-}、NH_4^+、NO_3^- 含量;按地下水水质常规指标综合评价,属Ⅴ类。

根据评价结果可知,延安组承压水水质总体上属于Ⅴ类,不宜作生活饮用水。

（8）延安组烧变岩潜水

经采样测试,水的 pH 为 7.5～8.0,属中性水至弱碱性水;总硬度为 135.2～272.4 mg/L,属软水至微硬水;溶解性总固体含量为 168.0～344.8 mg/L,属淡水。按地下水水质常规指标单项组分评价,属Ⅰ至Ⅴ类,以Ⅰ至Ⅱ类为主,Ⅴ类指标为 NO_3^- 含量;按地下水水质常规指标综合评价,属Ⅲ至Ⅴ类,以Ⅲ类为主。

根据评价结果可知,延安组烧变岩潜水水质总体上属于Ⅲ类,在大部分地区没有被污染,主要适用于集中式生活饮用水水源及工农业用水;而在局部地区 NO_3^- 含量超标,达到Ⅴ

类,不宜作生活饮用水。

综上,研究区天然水质较好,主要超标的元素来自农业和工业污染。局部地区水的矿化度较高,高矿化度的水难以循环利用。相关的水质处理技术的应用如本书 4.7 节所示。

2.5 探查技术与实践总结

通过前述对各种探查技术的实践和研究,有以下的总结内容:

(1) 现有的探查技术不能支撑煤-水协调开采,研发的方向是低成本且高效率的探查技术。本书所述的相关技术,推进了相关探查工程的实施,但仍有巨大的研发空间。

(2) 在天然水文地质条件的探查方面,专门的水文地质探查技术专业化程度高、费用高,往往探查的数量有限。需要在煤田地质勘探阶段,采用简易的探查手段开展水文地质条件探查。比如,将地下水流速流向设备与遥测技术相结合,研究地下水天眼监测技术,未来在增加 10% 勘探费用的基础上,获取 1 km 间距的地下水监测数据。

(3) 采动后水渗流的勘探主要面临的问题是采前以孔隙流为主,采后以裂隙流和管道流为主,渗透系数跨越数量级过多,难以用单一手段达成。未来,多种手段综合探查技术的联合使用,特别是基于大数据技术的联合探查有巨大的研发潜力。

(4) 采动后裂隙场的研究,目前有各种方法综合判定,但没有直接揭示裂隙场的发育规律,都是反演获得。未来,可以通过注浆后开挖来揭示其发育规律。

(5) 除对天然水资源、采动水资源和采动裂隙的探测外,还存在其他需要进一步探测的对象。如植被发育、包气带水、大气降水入渗系数等。此外,还包括具体保水采煤技术的研究对象,如地下水库、地表引流工程、水处理技术(生物标志监测)等,需要具体问题具体分析。

3　评价技术与实践

在查明采矿地质条件的基础上,对单一采煤工作面或者区域(煤矿区)进行开采对水资源的影响评价研究。本书主要介绍了物理相似模拟技术、数值模拟技术及其他评价技术。以不同的实践背景,开展了具体的评价工作,其中创新性地运用了多种新方法,为研究煤-水协调开采提供了依据。

3.1　物理相似模拟技术与实践

3.1.1　单一煤层开采

3.1.1.1　实验设计

（1）工程原型

选定研究区柠条塔煤矿南翼 2^{-2} 煤层开采为本次模拟的背景。本次实验以 SB45 钻孔及周边钻孔为依据,其中 2^{-2} 煤层及覆岩地质条件和岩石物理力学参数见表 3-1。

表 3-1　2^{-2} 煤层及覆岩地质条件和岩石物理力学参数

编号	岩性	厚度/m	累计厚度/m	密度/(g/cm³)	单轴抗压强度/MPa	弹性模量/MPa	泊松比	抗拉强度/MPa	内聚力/MPa	内摩擦角/(°)
1	黄土	18.5	18.5	—	—	—	—	—	—	—
2	红土	91.0	109.5	1.87	0.21	0.11	—	—	0.096	32.9
3	泥岩	5.7	115.2	2.75	9.67	37	0.35	0.04	0.12	36.0
4	粗粒砂岩	5.3	120.5	2.67	14.1	264	0.30	0.21	0.70	42.0
5	粉砂岩	6.3	126.8	2.70	29.6	1 007	0.29	0.50	1.50	42.0
6	1⁻²煤	1.3	128.1	1.50	15.7	767	0.28	—	1.10	37.5
7	砂质泥岩	12.6	140.7	2.75	9.7	37	0.35	0.04	0.12	36.0
8	细粒砂岩	10.6	151.3	2.71	17.5	150	0.32	0.13	0.50	41.0
9	细粒砂岩	12.3	163.6	2.71	17.5	150	0.32	0.13	0.50	41.0
10	2⁻²煤	4.0	167.6	1.51	13.8	830	0.27	—	1.20	37.0

（2）模型设计

依据煤层上覆地层总厚度和几何相似比,此次实验模型设计高度为 2.5 m。

（3）相似参数确定

本次模拟选定的几何相似比为 1∶100,重力相似比为 2∶3。依据相关相似定律[29],可以得到相关参数的相似比。

（4）相似材料的选择与配比

本次实验的相似模拟材料为常规模拟材料，相关的材料配比如表3-2所示。

表3-2　模拟实验相似材料配比方案

编号	岩性	原岩层厚/m	原岩累计厚度/m	模型层厚/cm	模型累计厚度/cm	沙子/(g/cm)	石膏/(g/cm)	大白粉/(g/cm)	粉煤灰
10	黄土	18.5	18.5	18.5	18.5			—	
9	红土	91.0	109.5	91.0	109.5			—	
8	泥岩	5.7	115.2	5.7	115.2	6 720	1 152	1 728	
7	粗粒砂岩	5.3	120.5	5.3	120.5	7 680	576	1 344	
6	粉砂岩	6.3	126.8	6.3	126.8	7 680	384	1 536	
5	1⁻²煤	1.3	128.1	1.3	128.1	1.96	0.1	0.49	1.96
4	砂质泥岩	12.6	140.7	12.6	140.7	7 680	576	1 344	
3	细粒砂岩	10.6	151.3	10.6	151.3	7 680	384	1 536	
2	细粒砂岩	12.3	163.6	12.3	163.6	7 680	576	1 344	
1	2⁻²煤	4.0	167.6	4.0	167.6	1.96	0.1	0.49	1.96

（5）位移监测方案设计

在模型表面布置8条位移监测线，分别位于：

① 在距离2⁻²煤底板9 cm处布置测线H（即2⁻²煤顶板）；

② 在距离2⁻²煤底板20 m处布置测线G（即2⁻²煤覆岩关键层）；

③ 在距离2⁻²煤底板45 cm处布置测线F（即1⁻²煤覆岩关键层）；

④ 在距离2⁻²煤底板55 cm处布置测线E（即土层与基岩分界面）；

⑤ 在距离2⁻²煤底板73 cm处布置测线D；

⑥ 在距离2⁻²煤底板103 cm处布置测线C；

⑦ 在距离2⁻²煤底板133 cm处布置测线B；

⑧ 在距离2⁻²煤底板165 cm处布置测线A（距地表3 cm处）。

每条测线布置14个测点，测点间距20 cm（起始测点距离模型边界15 cm），每条测线对应的测点编号为A1—A14、B1—B14…H1—H14。

（6）实验开挖方案设计

模型设计开采单一2⁻²煤层，从右向左开挖，每次开挖步距为1.0 cm。考虑模型边界效应，模型左右两侧分别设置50 cm和40 cm的边界保护煤柱，模型全景如图3-1所示。

3.1.1.2　覆岩移动变形与裂隙发育过程分析

按照几何相似比（1∶100），实际每次推进的距离为1.0 m，2⁻²煤实际采高为4.0 m。需要说明的是，下述均为反演的实际工程数据。

依据柠条塔煤矿2⁻²煤层实际开采情况，2⁻²煤层工作面开切眼宽为9.0 m，如图3-2所示。工作面由开切眼推进22 m时，直接顶出现离层，随着工作面的推进直接顶裂隙不断发育。当工作面推进27.5 m时，直接顶开始垮落，高度为1.0 m，距2⁻²煤层顶板2.3 m处出现离层裂隙。当工作面推进38.5 m时，直接顶垮落高度发育至距煤层顶板3.3 m处。

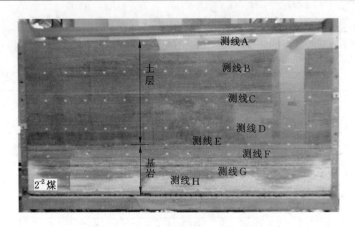

图 3-1　实验模型（全景）

此后，直接顶随着工作面的推进出现随采随垮现象。当工作面推进 56 m 时，基本顶大范围垮落，垮落带高度达 11 m，距离煤层顶板 17 m 处发育明显离层空间。由此可见，实验模型 2^{-2} 煤层基本顶初次来压步距为 56 m，如图 3-3 所示。

图 3-2　2^{-2} 煤层工作面开切眼

图 3-3　2^{-2} 煤层基本顶初次来压

基本顶初次来压后，随着工作面的推进上覆岩层继续垮落。当工作面推进 69 m 时，基本顶发生第一次周期破断，工作面发生第一次周期来压，来压步距 13 m，覆岩离层高度发育至 19 m，离层间距 1.5 m，离层长度达到 33 m，回采侧基岩垮落角为 55°。如图 3-4 所示。

图 3-4　2^{-2} 煤层工作面第一次周期来压

随着工作面的继续推进，竖向裂隙不断向覆岩上方发育。当工作面推进 83 m 时，发生第二次周期来压，周期来压步距为 14 m。此时，基岩竖向裂隙发育至 2^{-2} 煤层顶板上方

53.5 m,离层间距 1.8～2.0 m,离层长度达 35 m;基岩未破断高度仅剩 1.5 m 左右;2⁻²煤覆岩下部离层随着岩层的垮落逐渐压实,同时,观察发现土层内部新生微小横向裂隙,但未与下伏基岩贯通联系;工作面开采侧基岩垮落角为 58°。如图 3-5 所示。

图 3-5　2⁻²煤层工作面第二次周期来压

当工作面推进 95 m 时,发生第三次周期来压,来压步距 12 m。此时,2⁻²煤层上覆基岩完全破坏,顶板裂隙发育至上覆土层,距离 2⁻²煤层顶板 76 m 处的土层出现横向裂隙,竖向裂隙横向长度 42.5 m,随着时间的推移裂隙向上发育趋势越明显。如图 3-6 所示。

图 3-6　2⁻²煤层工作面第三次周期来压

当工作面推进 110 m 时,发生第四次周期来压,来压步距 15 m,待覆岩变形稳定后,竖向裂隙增高至 90 m 处。在开采过程中观测裂隙变化情况发现,随着工作面的推进,位于土层下部的离层空间逐渐弥合,竖向裂隙宽度亦在收缩。如图 3-7 所示。

图 3-7　2⁻²煤层工作面第四次周期来压

当工作面推进 126 m 时,发生第五次周期来压,来压步距 16 m。此时,竖向裂隙发育至 108 m 处(导水裂隙高度为采高的 27 倍)。待煤层开采覆岩变形稳定后,距离地表近 60 m 范围内未出现竖向裂隙。下沉数据显示,此时该区域土层开始出现弯曲下沉趋势,同时地表两侧也开始出现下行裂隙,但不明显。如图 3-8 所示。

图 3-8 2^{-2} 煤层工作面第五次周期来压

当工作面推进 140 m 时,发生第六次周期来压,来压步距 14 m。此时,裂隙未继续发育,但地表出现明显下沉,距模型右边界 142 m 和 245 m 处出现两条深度分别为 2.3 m 和 3.5 m 的下行裂隙;同时,在竖向裂隙以上出现 10 m 左右的隔水区。如图 3-9 所示。

图 3-9 2^{-2} 煤层工作面第六次周期来压

工作面推进 140~210 m 期间,分别在推进 154 m、166 m、182 m、195 m、210 m 时发生周期来压。统计发现,在 2^{-2} 煤回采过程中共出现 11 次周期来压,其中工作面初次来压步距为 56 m,周期来压步距分别为 13 m、14 m、12 m、15 m、16 m、14 m、14 m、12 m、16 m、13 m、15 m,平均周期来压步距为 14 m。

工作面推进 210 m 时,回采结束。煤层开采覆岩稳定后,原竖向裂隙在原发育高度(距离煤层顶板 108 m)处未见竖向扩展；地表下沉外侧受拉伸应力出现下行裂隙，地表土层出现回转，致使地表下沉盆地边缘的下行裂隙逐渐趋于弥合。

从模拟过程看，随着地表下沉范围的扩大，模型两侧受到拉应力的影响，原生下行裂隙逐渐扩展，裂隙深度最大达 15.7 m，并在地表出现多条大小不均的下行裂隙；记录数据显示，2^2 煤层开采后，垮落带高度为 15 m（约为采厚的 3.8 倍），基岩垮落角开切眼侧为 59°，停采线侧为 62°。如图 3-10 和图 3-11 所示。

图 3-10　工作面回采结束(共推进 210 m)局部图

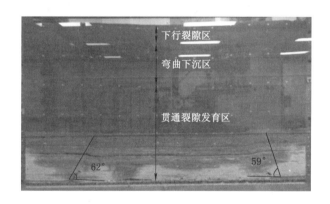

图 3-11　工作面回采结束(共推进 210 m)整体图

3.1.1.3　覆岩移动变形规律分析

当工作面推进 56 m 时，基本顶初次来压，测线 H 处出现明显下沉，最大下沉点 H3、H4 位于采空区中上部，最大下沉量为 3.6 m。

随着工作面推进距离的增加，测线 H 处随直接顶垮落下沉量增大。当工作面推进 95 m 时，煤层开采造成基岩破坏，岩-土分界测线 E 处出现明显下沉，最大下沉量达 3.2 m。如图 3-12 所示。

当工作面推进 126 m 时，顶板裂隙发育至距离地表近 60 m 处，该区域测线 C 处明显下沉，最大下沉量为 2.8 m；同时，开采区域中部地表出现弯曲下沉。如图 3-13 所示。

当工作面推进 210 m 时，回采结束。工作面开采结束覆岩稳定后，各测线下沉趋于稳定，基岩层测线 H、G、F、E 处最大下沉量分别为 3.7 m、3.65 m、3.5 m、3.3 m，土层下部导水裂缝带发育区域测线 D、C 处最大下沉量分别为 3.1 m、2.95 m，土层上部导水裂缝带未

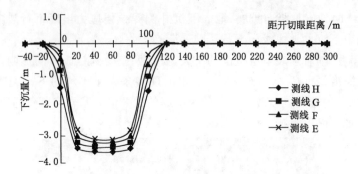

图 3-12　工作面推进 95 m 时覆岩移动变形规律

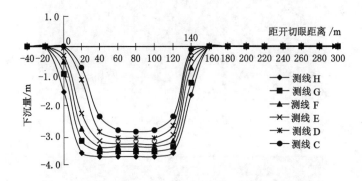

图 3-13　工作面推进 126 m 时覆岩移动变形规律

发育区域测线 B、A 处最大下沉量分别为 2.85 m、2.75 m，即地表最大下沉量为 2.75 m，下沉系数为 0.69。如图 3-14 所示。

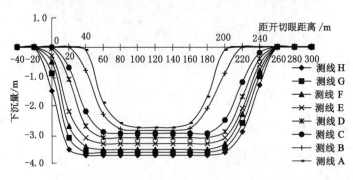

图 3-14　工作面推进 210 m 时覆岩移动变形规律

3.1.2　多煤层叠加开采

3.1.2.1　实验设计

（1）工程原型

选定研究区红柳林煤矿北二盘区 4^{-2} 和 5^{-2} 两层煤开采为本次模拟的背景。本次实验以 5-1 和 6-1 钻孔为依据，其中 5^{-2} 煤层及部分覆岩地质条件和岩石物理力学参数见表 3-3。

表 3-3　5⁻² 煤层及部分覆岩地质条件和岩石物理力学参数

编号	岩性	层厚/m	密度/(g/cm³)	单轴抗压强度/MPa	弹性模量/MPa	泊松比	抗拉强度/MPa	内聚力/MPa	内摩擦角/(°)
32	黄土	39.7	1.87	0.21	0.11	—	—	0.096	32.9
31	红土	31.3	1.87	0.21	0.11	—	—	0.096	32.9
30	中粒砂岩	4.0	2.73	36.00	669	0.30	0.234	0.9	40.0
29	砂质泥岩	6.4	2.75	9.67	37	0.35	0.04	0.12	36.0
28	细粒砂岩	2.3	2.71	17.50	150	0.32	0.13	0.5	41.0
26	细粒砂岩	1.4	2.68	35.30	1 185	0.29	0.26	0.8	44.5
23	中粒砂岩	1.3	2.73	36.00	669	0.3	0.234	0.9	40.0
18	4⁻² 煤	3.5	1.50	15.70	767	0.28	—	1.1	37.5
16	粉砂岩	4.0	2.70	29.60	1 007	0.29	0.5	1.5	42.0
1	5⁻² 煤	6.5	1.51	13.80	830	0.27	—	1.2	37.0

（2）模型设计

依据煤层上覆地层总厚度和几何相似比，此次实验模型设计高度为 2.5 m。

（3）相似参数确定

本次模拟选定的几何相似比为 1∶120，重力相似比为 2∶3。依据相关相似定律[29]，可以得到相关参数的相似比。

（4）相似材料的选择与配比

本次实验的相似模拟材料为常规模拟材料，相关的材料配比如表 3-4 所示。

表 3-4　模拟实验相似材料配比方案

编号	岩性	原岩层厚/m	原岩累计厚度/m	模型层厚/cm	模型累计厚度/cm	配比号	沙子/(g/cm)	石膏/(g/cm)	大白粉/(g/cm)
33	风积沙	6.8	6.8	5.67	5.67	—	—	—	—
32	黄土	39.7	46.5	33.08	38.75	—	—	—	—
31	红土	31.3	77.8	26.08	64.83	—	—	—	—
30	中粒砂岩	4.0	81.8	3.33	68.17	846	7 680	768	1 152
29	砂质泥岩	6.4	88.2	5.33	73.50	937	8 640	288	672
28	细粒砂岩	2.3	90.5	1.92	75.42	837	7 680	576	1 344
27	泥岩	1.7	92.2	1.42	76.83	928	8 640	192	768
26	细粒砂岩	1.4	93.6	1.17	78.00	828	7 680	384	1 536
25	砂质泥岩	1.5	95.1	1.25	79.25	937	8 640	288	672
24	细粒砂岩	2.2	97.3	1.83	81.08	828	7 680	384	1 536
23	中粒砂岩	1.3	98.6	1.08	82.17	837	7 680	576	1 344
22	细粒砂岩	6.8	105.4	5.67	87.83	828	7 680	384	1 536

表 3-4(续)

编号	岩性	原岩层厚/m	原岩累计厚度/m	模型层厚/cm	模型累计厚度/cm	配比号	沙子/(g/cm)	石膏/(g/cm)	大白粉/(g/cm)
21	中粒砂岩	10.7	116.1	8.92	96.75	837	7 680	576	1 344
20	细粒砂岩	2.6	118.7	2.17	98.92	837	7 680	576	1 344
19	粉砂岩	6.55	125.3	5.46	104.38	828	7 680	384	1 536
18	4⁻²煤	3.55	128.8	2.96	107.33	—	—	—	—
17	泥岩	1.1	129.9	0.92	108.25	928	8 640	192	768
16	粉砂岩	4.0	133.9	3.33	111.58	828	7 680	384	1 536
15	中粒砂岩	17.7	151.6	14.75	126.33	846	7 680	768	1 152
14	泥岩	0.6	152.2	0.50	126.83	928	8 640	192	768
13	4⁻³煤	0.9	153.1	0.75	127.58	—	—	—	—
12	泥岩	4.15	157.2	3.46	131.04	928	8 640	192	768
11	细粒砂岩	4.7	161.9	3.92	134.96	837	7 680	576	1 344
10	粉砂岩	1.48	163.4	1.23	136.19	828	7 680	384	1 536
9	4⁻⁴煤	0.9	164.3	0.75	136.94	—	—	—	—
8	细粒砂岩	3.7	168.0	3.08	140.02	837	7 680	576	1 344
7	粉砂岩	1.9	169.9	1.58	141.60	828	7 680	384	1 536
6	细粒砂岩	19.6	189.5	16.33	157.93	846	7 680	768	1 152
5	粉砂岩	3.0	192.5	2.50	160.43	828	7 680	384	1 536
4	细粒砂岩	11.95	204.5	9.96	170.39	837	7 680	576	1 344
3	中粒砂岩	1.2	205.7	1.00	171.39	846	7 680	768	1 152
2	细粒砂岩	1.2	206.9	1.00	172.39	855	7 680	960	960
1	5⁻²煤	6.5	213.4	5.42	177.81	—	—	—	—

(5)覆岩位移监测方案设计

① 在距离 5⁻²煤顶板 8 cm 处布置测线 A(即 5⁻²煤顶板);

② 在距离 5⁻²煤顶板 23 cm 处布置测线 B(即 5⁻²煤覆岩关键层);

③ 在距离 5⁻²煤顶板 56 m 处布置测线 C(即 4⁻²煤底板);

④ 在距离 5⁻²煤顶板 73 cm 处布置测线 D(即 4⁻²煤直接顶);

⑤ 在距离 5⁻²煤顶板 85 cm 处布置测线 E(即 4⁻²煤覆岩关键层);

⑥ 在距离 5⁻²煤顶板 104 cm 处布置测线 F(即土层与基岩分界面);

⑦ 在距离 5⁻²煤顶板 121 cm 处布置测线 G;

⑧ 在距离 5⁻²煤顶板 151 cm 处布置测线 H;

⑨ 在距离 5⁻²煤顶板 172 cm 处布置测线 I。

每条测线布置 20 个测点,测点间距 15 cm(起始测点距离模型边界 15 cm),每条测线对应的测点编号为 A1—A19、B1—B19、…、I1—I19。

(6)实验开挖方案设计

模型采用下行开采,先开采 4^{-2} 煤层,从左向右开挖,每次开挖步距为 1.0 cm。待 4^{-2} 煤层开采覆岩稳定之后,再开挖 5^{-2} 煤层,5^{-2} 煤层开切眼位于 4^{-2} 煤层开切眼正下方,每次开挖步距为 1.0 cm。考虑模型边界效应,模型左右两侧设置 40 cm 的边界保护煤柱。模型全景如图 3-15 所示。

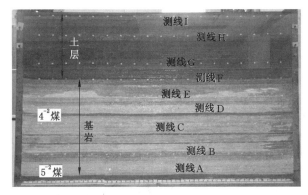

图 3-15　实验模型(全景)

3.1.2.2　覆岩垮落特征及裂隙发育规律分析

按照几何相似比(1∶120),实际每次推进的距离为 1.2 m。需要说明的是,下述均为反演的实际工程数据。

(1) 4^{-2} 煤层开采覆岩垮落特征及裂隙发育规律分析

依据红柳林煤矿 4^{-2} 煤层开采实际情况,4^{-2} 煤层工作面开切眼宽为 8.0 m,如图 3-16 所示。

工作面由开切眼推进 24 m 时,直接顶开始垮落,垮落高度 1.2 m,随后直接顶随着工作面的推进不断垮落。当工作面推进 36 m 时,直接顶垮落高度为 2.4 m,距 4^{-2} 煤层顶板 3.6 m 处出现离层裂隙;当工作面推进 43.2 m 时,直接顶垮落高度扩大至 3.6 m,离层裂隙发育至距煤层顶板 4.8 m 处;当工作面推进 56.4 m 时,直接顶大范围垮落,垮落高度达 10.8 m,离层空间间距为 2.6 m,离层长度为 37.8 m,基岩垮落角为 56°,综合实验现象和规律,此时工作面基本顶初次来压,来压步距为 56.4 m,如图 3-17 所示。

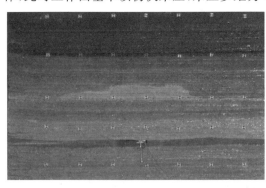

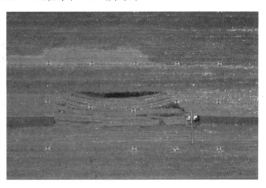

图 3-16　4^{-2} 煤层工作面开切眼　　　　图 3-17　4^{-2} 煤层基本顶初次来压

基本顶初次来压后,随着工作面的推进上覆岩层继续垮落。当工作面推进 72.6 m 时,发生第一次周期来压,来压步距为 16.2 m,顶板离层发育至距离煤层顶板 38.4 m 处,即覆岩破坏至土层以下 9.1 m 处,离层间距为 1.2 m,离层长度达到 31.2 m,工作面侧基岩垮落角为 63°,开切眼侧为 64°,如图 3-18 所示。

随着工作面的继续推进,离层裂隙开始向黄土层中发育。当工作面推进 87.6 m 时,发生第二次周期来压,来压步距为 15.0 m,离层裂隙发育至土层,距离 4⁻² 煤层顶板 88.2 m,并在土层中出现微小离层空间,离层间距为 0.6 m,离层长度达 20.4 m。此时,在采空区两侧形成明显上行裂隙,高度为 73.2 m(即此时导水裂缝带高度为 73.2 m);工作面侧基岩垮落角为 64°,如图 3-19 所示。

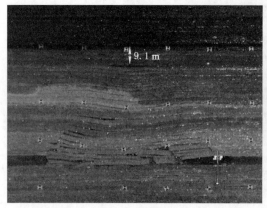 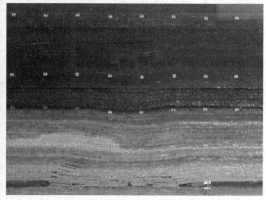

图 3-18　4⁻²煤层工作面第一次周期来压　　　　图 3-19　4⁻²煤层工作面第二次周期来压

工作面推进 104.4 m 时,发生第三次周期来压,来压步距为 16.8 m;工作面推进 123.6 m时,发生第四次周期来压,来压步距为 19.2 m,地表出现明显弯曲下沉,煤层开采开始波及地表。

工作面推进 135.6 m 时,发生第五次周期来压,来压步距为 12.0 m。待煤层开采覆岩稳定后,4⁻² 煤层覆岩破坏分为"贯通裂隙区""微裂隙区""下行裂隙区"。其中,贯通裂隙区发育至距离煤层顶板 98 m(即导水裂隙高度为 98 m)处;微裂隙区厚度 20 m 左右,可起到隔离作用;黄土层出现明显弯曲下沉,并有多条下行裂隙,最大深度达 22 m,且随着工作面的开采在工作面正上方后 15 m 左右不断发育新的下行裂隙。工作面侧基岩垮落角为 71°。如图 3-20 所示。

工作面推进 154.8 m 时,发生第六次周期来压,来压步距为 19.2 m。工作面推进 175.2 m时,发生第七次周期来压,由于工作面回采已达到充分采动,煤壁后方垮落覆岩被压实,造成此次周期来压步距较大,为 20.4 m。随着工作面的推进,在工作面上方形成新的裂隙,并呈"三区"分布,而后方贯通裂隙并未见扩展,微裂隙区逐渐弥合。同样,在工作面上方的地表处发育新的下行裂隙,原下行裂隙由于覆岩下沉挤压逐渐弥合,如图 3-21 所示。

4⁻²煤工作面共推进 252 m,共发生 11 次周期来压,周期来压步距分别为 16.2 m、15.0 m、16.8 m、19.2 m、12.0 m、19.2 m、20.4 m、18.0 m、21.6 m、18.0 m、19.2 m,平均为 17.78 m。

基岩层形成的裂隙仅导通至土层内 5 m 左右,由于土层的滞后下沉,土层裂隙呈现"上开下合"的形态,向上发展的裂隙逐渐弥合,并未形成完全导通的裂隙,从而发生较好的隔水

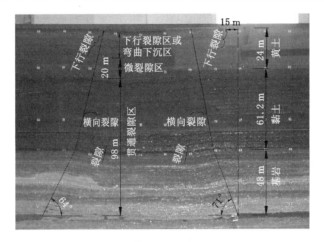

图 3-20 4^{-2} 煤层工作面第五次周期来压

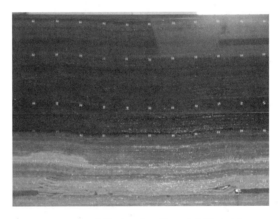

图 3-21 4^{-2} 煤层工作面第七次周期来压

效果。

随着工作面的推进,工作面对应地表不断出现新的裂隙,地表出现大小不等的断裂,土层内部发育的裂隙趋于弥合;受煤层开采的影响,左右开采边界上部形成较为明显的下行裂隙,而裂隙末端至土层内发育的裂隙受土层整体下沉和土层性质的影响逐渐弥合。在贯通裂隙区,开采侧基岩垮落角为 63°,开切眼侧为 64°。如图 3-22 所示。

(2)5^{-2} 煤层开采覆岩垮落特征及裂隙发育规律分析

5^{-2} 煤层埋深为 213.4 m,位于 4^{-2} 煤层底板下方 78.1 m 处,采高为 6.5 m。考虑避免重复采动的影响,5^{-2} 煤层工作面开切眼布置在距离模型左边界 100 m 处,开切眼宽度为 9.0 m。当工作面由开切眼推进 27.6 m 时,直接顶开始垮落,垮落高度为 1.2 m,距离煤层顶板 2.4 m 处出现离层,之后直接顶随采随垮。当工作面推进 54 m 时,直接顶垮落至距 5^{-2} 煤层顶板 11.4 m 处。当工作面推进 67.2 m 时,直接顶大范围垮落,覆岩垮落高度为 18.72 m,距离 5^{-2} 煤层顶板 21.6 m 处出现离层,此时开采侧的基岩垮落角为 50°,开切眼侧为 63°。综合实验现象和规律,此时 5^{-2} 煤层工作面发生初次来压,来压步距为 67.2 m,如图 3-23 所示。

当工作面推进 87.6 m 时,发生第一次周期来压,来压步距为 20.4 m,覆岩垮落高度增

图 3-22   4^{-2} 煤层开采结束模型全景图

加至 33.6 m。推进 104.4 m 时,发生第二次周期来压,来压步距为 16.8 m,覆岩垮落高度增加至 43.2 m,此时 5^{-2} 煤覆岩中未破坏基岩厚度为 28.8 m,如图 3-24 所示。

图 3-23   5^{-2} 煤层工作面初次来压

图 3-24   5^{-2} 煤层工作面第二次周期来压

随着工作面的推进,覆岩破坏高度逐渐向上发展。当工作面推进 124.8 m 时,发生第三次周期来压,来压步距为 20.4 m,开采侧基岩垮落角为 73°,开切眼侧为 65°;此时,5^{-2} 煤开采覆岩垮落裂隙已与 4^{-2} 煤层底板贯通,4^{-2} 煤覆岩受重复采动的影响,原有离层随着岩层的垮落逐渐压实,4^{-2} 煤层底板整体弯曲下沉,地表亦弯曲下沉,部分地表出现新的裂缝,如图 3-25 所示。

当工作面推进 145.2 m 时,发生第四次周期来压,来压步距为 20.4 m。当工作面推进 160.8 m 时,发生第五次周期来压,来压步距为 15.6 m。此时,工作面已达到充分采动,待覆岩垮落稳定后,4^{-2} 煤停采线边界上行裂隙受重复采动影响呈逐渐变宽趋势,该侧下行裂隙深度加大,最深达 20 m;在开切眼侧由于存在错距,未受重复采动影响。5^{-2} 煤开采边界上行裂隙已发育至黄土层内部,如图 3-26 所示。

随着工作面的开采,其对覆岩破坏及地表移动变形的影响越来越剧烈。当工作面推进 198.0 m 时,发生第七次周期来压,5^{-2} 煤工作面回采结束。其间 5^{-2} 煤工作面共发生 7 次周期来压,平均来压步距为 18.69 m,覆岩稳定后如图 3-27 所示。

位于 4^{-2} 煤工作面停采线侧的竖向裂隙逐渐贯穿整个覆岩,至达地表,且裂隙发育宽度

图 3-25　5^{-2}煤层工作面第三次周期来压　　　图 3-26　5^{-2}煤层工作面第五次周期来压

图 3-27　5^{-2}煤层工作面第七次周期来压(回采结束)

较大;5^{-2}煤层开采覆岩稳定后,采空区中上部裂隙基本上压实闭合,开采空间两端的竖向裂隙破坏层间覆岩,直至4^{-2}煤底板;5^{-2}煤工作面开切眼在4^{-2}煤下合理错距范围内,这使得4^{-2}煤工作面开切眼侧受采动影响较小,未见裂隙贯通至地表(工作面合理错距的留设可减少对导水裂缝带发育高度的影响)。4^{-2}煤工作面开切眼和停采线侧的基岩破断角为 $65°$ 和 $67°$,5^{-2}煤分别为 $65°$ 和 $59°$。5^{-2}煤层所承受的压应力逐渐增大,煤体变得松软,采后移架困难。

此外,观察发现,多煤层重复采动时,上下工作面开采造成覆岩的拉伸或压缩变形破坏相互叠加,从而导致开采边界周围的覆岩破碎程度较为严重,裂隙发育会比较充分,纵向高度和横向宽度都会增大,对地表黄土层的破坏较大;同时,开采边界的导水裂隙发育充分,多煤层开采不利于水资源的保护。

3.1.2.3　覆岩及地表下沉规律分析

(1) 4^{-2}煤层开采上覆岩层及地表下沉分析

4^{-2}煤层工作面推进 56.4 m 时,基本顶初次垮落,测线 D 处出现明显下沉,最大下沉点 D6 位于采空区中上部,最大下沉量为 2.82 m。

随着工作面推进距离的增加,测点 D4 下沉趋势增加较快。当工作面推进 135.6 m 时,覆岩破坏呈现明显的 3 个区,测线 D 处出现明显下沉,当工作面继续推进时,测点 D4、D5 下沉量趋于稳定,最大下沉量增加至 3.0 m 和 2.6 m;同时,土-岩分界测线 F 和土层中部测线 G、H 处均出现明显下沉,最大下沉量分别为 2.3 m、2.0 m 和 1.8 m,地表出现弯曲下沉,最大下沉量为 1.61 m。如图 3-28 所示。

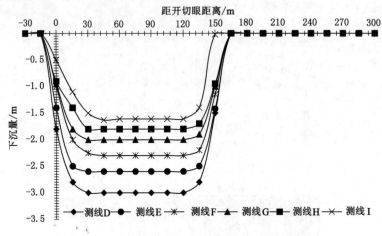

图 3-28 4⁻²煤层覆岩破坏后各测线下沉曲线

当工作面推进 252 m 时,回采结束。开采结束覆岩稳定后,测线 D 处的最大下沉量为 3.1 m,测线 E 处最大下沉量为 2.95 m,测线 F 处最大下沉量为 2.7 m,测线 G 处最大下沉量为 2.6 m,测线 H 处最大下沉量为 2.4 m,测线 I 处最大下沉量为 2.2 m。如图 3-29 所示。

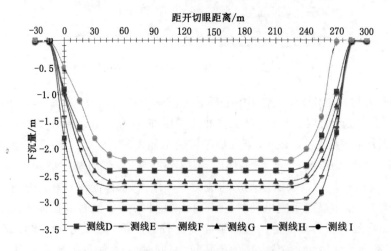

图 3-29 4⁻²煤层工作面回采结束各测线下沉曲线

(2) 5⁻²煤层开采上覆岩层及地表下沉分析

5⁻²煤工作面推进 67.2 m 时,基本顶初次垮落,测线 A 处出现明显下沉,最大下沉点 A8 位于采空区中上部,最大下沉量为 6.1 m。

在地表下沉过程中土层裂隙不断发育,土层大范围出现离层;5⁻²煤层开采引起 4⁻²煤层采空区覆岩下沉和压实,已经发育至地表的裂隙的宽度进一步增加,多条裂隙发育至土层,地表产生的裂缝宽度在 20~40 cm。

待 5⁻² 煤工作面回采结束覆岩稳定后,测线 A 处的最大下沉量仍为 6.1 m,测线 B 处的最大下沉量为 5.3 m,测线 C 处的最大下沉量为 5.2 m,测线 D 处的最大下沉量为 7.2 m,测线 E 处的最大下沉量为 6.8 m,测线 F 处的最大下沉量为 6.5 m,测线 G 处的最大下沉量为 6.2 m,测线 H 处的最大下沉量为 6.0 m,测线 I 处的最大下沉量为 5.8 m。由于上下工作面错距的影响,测线 D、E、F、G、H、I 的下沉曲线呈台阶状。如图 3-30 所示。

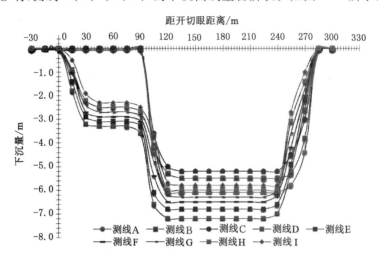

图 3-30　5⁻² 煤层工作面回采结束各测线下沉曲线

3.1.3　固液耦合模拟

3.1.3.1　固液耦合模拟背景

煤炭开采对水资源的影响的物理相似模拟研究往往涉及固液耦合模拟技术。固液耦合模拟目前主要存在的问题有:

① 在固液耦合模拟实验中,固相和液相两者常常是假耦合的,即煤炭开采产生的裂隙场和应力应变场与液体运动的渗流场,在同一几何相似比下是难以在时间上同步的。因此,要模拟煤炭开采对水体的影响是需要牺牲部分实验结果的。

② 固相模拟的技术相对成熟,基岩多采用河沙等,土层多采用土等,但液相的模拟技术存在进一步研究的空间。一方面,液相作为固相载荷的存在需要满足重力相似;另一方面,液相的渗流需要满足渗流介质相似。

③ 由于煤炭开采对水体影响半径多大于单一采煤工作面的尺度,因此固液耦合模拟技术需要对水体边界条件有一定的设计。

④ 当液体渗流到固相后,固相模拟材料容易崩溃。因此,需要研发一种亲水的固相模拟材料,但目前没有发现可以替换的模拟材料。

⑤ 固液耦合模拟的观测技术还存在进一步突破的空间,比如液相在固相中渗流的路径和强度不明。

⑥ 随着保水采煤等领域的研究发展,未来可能在固液耦合的基础上有固液气三相耦合的难题。

3.1.3.2　固液耦合模拟关键技术

基于以上固液耦合模拟的难点,有以下关键技术:

（1）固液耦合模拟的理论基础

固相主要应满足弹性力学的相似理论，而液相则主要应满足达西定律。当两者在同一几何相似比下设计，主要相似定律如式（3-1）所示。这里需要说明的是，在同一个几何相似比下，要满足两个方面的时间相似比相同（即时间同步），必然无法保障密度相似比相同，这需要调整液相材料的密度，这时采用载荷或者负载来补偿。

$$\alpha_t = \frac{\alpha_x}{\alpha_K}\alpha_\mu, \quad a_v = \frac{\alpha_K\alpha_H}{\alpha_x} = \alpha_K \tag{3-1}$$

式中，α_t 为时间相似比；α_x 为几何相似比；α_K 为渗透系数相似比；α_μ 为孔隙率相似比；α_v 为流速相似比；α_H 为水头高度相似比。

（2）液相材料设计

基于固液耦合相似理论，通过正交实验（保障时间同步）研发与风积沙渗透性相似的轻质材料，一般以松散颗粒物为主。

（3）水文边界条件设计

水文边界条件是复杂多变的。图 3-31 是定水头类边界的模拟装置，它主要通过持续确定水头来模拟定水头条件。其中，起到关键作用的是补给水管 9、补给水管阀门 10、水槽 11、水箱 12、溢流槽 13 等。

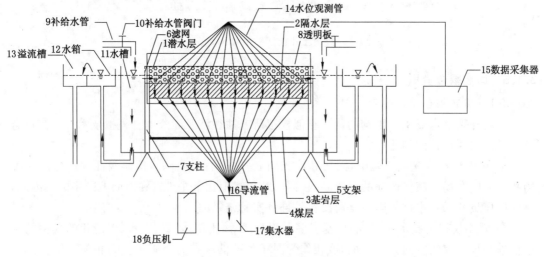

图 3-31　固液耦合模拟装置

（4）液体的选择

不同液体的黏滞性有一定的差异，若选择水作为渗流液，需要添加带颜色的离子渗透液，来实现示踪的效果。不能采用影响液体黏滞性的添加剂。

（5）固液气耦合

保水采煤相关的工程中涉及固液气耦合的问题，这是在固液耦合基础上的进一步拓展。目前，固液气耦合模拟在模拟材料、边界条件等方面有巨大的突破空间。但由于三相耦合的复杂性，很难有全面的突破，必须做出一定的牺牲。如果气相造成的影响最小，则不模拟气相，但可以通过气相对另外两相的影响来考虑它。

3.2　数值模拟技术与实践

3.2.1　单一煤层开采模拟

3.2.1.1　模型的设计与建立

根据张家峁煤矿 N15203 工作面布置的"三带"孔孔 9 钻孔柱状图,参考表 3-5 中的覆岩构成及岩石力学参数,建立长 500 m,高 191 m 的走向模型。模拟开采 5^{-2} 煤层,每次开挖步距为 5 m,模型左右两侧各设置 100 m 的边界煤柱。

表 3-5　覆岩构成及岩石力学参数

序号	岩性	层厚/m	累计厚度/m	密度/(g/cm³)	试件干燥状态下				
					单轴抗压强度/MPa	弹性模量/MPa	抗拉强度/MPa	内聚力/MPa	内摩擦角/(°)
1	黄土	60	60	1 620	700	600	0.2	0.32	20
2	细粒砂岩	10	70	2 600	4 500	3 800	1.2	1.8	20
3	砂质泥岩	6	76	2 400	4 000	3 200	1.2	1.6	25
4	粉砂岩	4	80	2 400	4 500	3 800	1.2	1.8	20
5	中粒砂岩	6	86	2 400	4 000	3 200	1.2	1.6	25
6	细粒砂岩	5	91	2 600	4 500	3 800	1.2	1.8	20
7	中粒砂岩	12	103	2 520	4 000	3 200	1.2	1.6	25
8	细粒砂岩	10	113	2 600	6 000	4 800	1.5	1.9	34
9	粉砂岩	16	129	2 400	4 000	3 200	1.2	1.6	25
10	细粒砂岩	12	141	2 600	5 600	4 200	1.5	1.9	28
11	粉砂岩	18	159	2 400	4 500	3 800	1.2	1.8	20
12	中粒砂岩	6	165	2 520	4 000	3 200	1.2	1.6	25
13	5^{-2} 煤	5.5	170.5	1 420	2 000	1 800	1.0	1.0	15
14	细粒砂岩	20.5	191	2 600	5 600	4 200	1.5	1.9	28

3.2.1.2　覆岩垮落规律及裂隙发育特征分析

5^{-2} 煤层埋深为 170.5 m,采高为 5.5 m,基岩厚度为 105 m,上覆松散层厚度为 60 m,基载比为 1.75。在 5^{-2} 煤层工作面开采过程中,直接顶随采随垮。当工作面推进 55 m 时,基本顶发生初次破断并出现大范围垮落,上部覆岩出现离层,垮落高度约为 12.5 m,裂隙发育高度约为 52 m,初次来压步距为 55 m。

当工作面推进 70 m 时,基本顶再次发生破断,裂隙已经发育到黄土层与基岩交界处,裂隙发育高度约为 60 m,开采空间两侧以竖向裂隙为主,中部主要是横向裂隙,地表已开始出现明显下沉。

随着工作面继续推进,基本顶进入周期性破断。当工作面推进 90 m 时,基本顶发生第二次周期破断。观察发现,此时开采空间两侧的裂隙已穿过土层发育至地表,土层裂隙以竖向裂隙为主。

随着工作面继续推进,开采空间两侧的裂隙发育高度不断增大,而采空区中部的部分裂隙逐渐被压实闭合。5⁻²煤层工作面一共推进了300 m,开采结束后覆岩垮落及裂隙发育特征如图3-32所示。5⁻²煤层开采覆岩稳定后,裂缝带发育至地表,高度约为165 m,是采高的30倍。

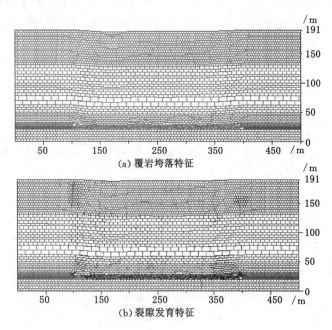

图 3-32 5⁻²煤层工作面开采结束覆岩垮落及裂隙发育特征

3.2.1.3 应力特征分析

在模拟过程中,对导水裂缝带的发育判别采用目前通用的、较为准确的应力判别法。根据应力的分布及拉张破坏的岩体范围,确定导水裂缝带发育高度。从主应力、最大主应力、垂直应力的分布特征图可以看出:在主应力分布图中,红色代表岩石受到拉应力作用;随着工作面的推进,拉应力范围不断扩大,其规律与裂隙发育规律大致相似。虽然在开采初期土层也受拉应力影响,但所受拉应力较小,远小于岩层所受拉应力,不足以被破坏。由主应力分布图可以判断出,采空区中部的部分裂隙被压实闭合,两侧裂隙发育至地表,高度约为165 m,是采高的30倍。

3.2.2 多煤层叠加开采模拟

3.2.2.1 模型的设计与建立

以柠条塔煤矿孔6钻孔柱状为工程原型,重点研究1⁻²煤层、2⁻²煤层开采过程中覆岩移动规律和裂隙发育特征。根据表3-6中的覆岩构成及岩石力学参数,建立长500 m,高214.3 m的走向模型,如图3-33所示。采用下行开采,先开采1⁻²煤层,再开采2⁻²煤层,每次开挖步距为5 m,模型左右两侧各设置100 m的边界煤柱。

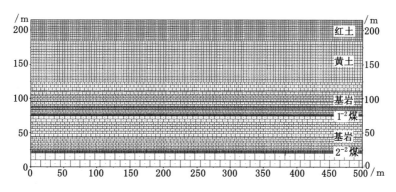

图 3-33　UDEC 数值模拟走向模型示意

表 3-6　覆岩构成及岩石力学参数

序号	岩性	层厚 /m	累计厚度 /m	密度 /(g/cm³)	试件干燥状态下				
					单轴抗压强度/MPa	弹性模量 /MPa	抗拉强度 /MPa	内聚力 /MPa	内摩擦角 /(°)
1	黄土	31.0	31.0	1 620	700	600	0.2	0.32	20
2	红土	60.0	91.0	1 620	700	600	0.2	0.32	20
3	砂质泥岩	8.2	99.2	2 400	4 000	3 200	1.2	1.6	20
4	细粒砂岩	4.4	103.6	2 500	4 500	3 800	1.5	1.8	25
5	砂质泥岩	1.8	105.4	2 400	4 000	3 200	1.2	1.6	20
6	细粒砂岩	3.3	108.7	2 500	4 500	3 800	1.4	1.8	28
7	砂质泥岩	10.2	118.9	2 400	4 000	3 200	1.2	1.6	20
8	细粒砂岩	1.0	119.9	2 400	4 000	3 000	1.3	1.6	20
9	砂质泥岩	6.6	126.5	2 400	4 000	3 200	1.4	1.7	24
10	中粒砂岩	1.0	127.5	2 500	4 500	3 500	1.5	1.8	25
11	砂质泥岩	3.6	131.1	2 400	4 000	3 200	1.4	1.7	24
12	泥灰岩	1.0	132.1	2 400	4 000	3 200	1.2	1.6	20
13	中粒砂岩	5.0	137.1	2 500	4 500	3 500	1.5	1.8	25
14	粉砂岩	1.5	138.6	2 400	4 000	3 000	1.3	1.6	20
15	1⁻²煤	1.8	140.4	1 420	2 000	1 800	1.0	1.0	15
16	粉砂岩	8.5	148.9	2 400	4 000	3 000	1.3	1.6	20
17	中粒砂岩	6.8	155.7	2 500	4 500	3 500	1.5	1.8	25
18	细粒砂岩	14.5	170.2	2 400	4 000	3 800	1.3	1.6	20
19	中粒砂岩	1.0	171.2	2 500	4 500	3 500	1.5	1.8	25
20	粉砂岩	6.0	177.2	2 400	4 000	3 000	1.3	1.6	20
21	中粒砂岩	13.0	190.2	2 500	4 500	3 500	1.5	1.8	25
22	2⁻²煤	4.8	195.0	1 420	2 000	1 800	1.0	1.0	15
23	底板	20.0	215.0	2 400	4 000	3 200	1.2	1.6	20

3.2.2.2 覆岩垮落规律及裂隙发育特征分析

（1）1^{-2}煤层开采模拟及分析

1^{-2}煤层埋深为140.4 m，采高为1.8 m，基岩厚度为47.6 m，上覆松散层厚度为91 m，基载比为0.52。在1^{-2}煤层工作面开采过程中，直接顶随采随垮。当工作面推进40 m时，基本顶发生初次垮落，覆岩垮落高度约为6.5 m，裂隙发育高度约为22 m，基本顶初次来压步距为40 m。随着工作面继续推进，顶板垮落范围越来越大。当工作面推进50 m时，基本顶再次发生破断，覆岩垮落高度达到8.5 m，裂隙发育高度约为29 m，工作面第一次周期来压步距为10 m。当工作面推进65 m时，基本顶再次发生破断，裂隙发育高度约为35.5 m。

随着工作面继续推进，基本顶发生周期性破断。随着推进距离的增大，开采空间两侧的竖向裂隙发育高度越来越大，中部的裂隙部分被压实闭合。当工作面推进150 m时，裂隙最大发育高度约为45.7 m，已基本达到基岩层顶部。

1^{-2}煤层工作面共推进了300 m，周期来压步距为10～15 m，覆岩稳定后垮落带高度为8.5 m，是采高的4.7倍，导水裂缝带高度为51 m，是采高的28.3倍。在工作面前期50～100 m的开采范围内，导水裂缝带发育速度较快；中期100～200 m的开采范围内，导水裂缝带发育速度较为缓慢；后期200～300 m的开采范围内，导水裂缝带发育基本稳定。分析可知：前期在初次来压和前2～3个周期来压期间，顶板破断活动较为剧烈，裂隙发育加剧；中期随着开采空间的增大，逐渐达到充分采动；后期渐趋稳定。

（2）2^{-2}煤层开采模拟及分析

2^{-2}煤层埋深为195.0 m，采高为4.8 m，距离1^{-2}煤层底板49.8 m。2^{-2}煤层顶板为一层厚13.0 m的中粒砂岩，在工作面推进过程中，顶板随采随垮。当工作面推进60 m时，上覆岩层发生大面积垮落，判定为工作面初次来压。初次来压期间，2^{-2}煤层覆岩垮落高度约为15.6 m，2^{-2}煤层上方形成的裂隙贯穿层间覆岩。受2^{-2}煤层采动影响，1^{-2}煤层工作面开切眼侧裂隙继续发育，发育高度约为103.2 m（距2^{-2}煤层顶板距离）。当工作面推进80 m时，顶板再次发生大面积垮落，覆岩垮落高度达到19.9 m。受2^{-2}煤层采动影响，1^{-2}煤层上覆已稳定的岩层再次"复活"，裂隙发育高度达到133 m（距2^{-2}煤层顶板距离），为采高的27.7倍。

随着工作面继续推进，开采空间两侧的裂隙发育高度不断增大，中部的部分裂隙逐渐压实闭合。2^{-2}煤层工作面一共推进了300 m，开采结束后覆岩垮落及裂隙发育特征如图3-34所示。2^{-2}煤层开采覆岩稳定后，垮落带高度约为21 m，为采高的4.4倍，裂隙发育高度约为147 m，是采高的30.6倍。

3.2.2.3 应力特征分析

从应力分布对比可以看出，在多煤层开采后，应力分布范围进一步增大，在开采空间两侧应力分布更为集中。

3.2.3 流场模拟

为评价榆阳煤矿开采对红石峡水库及松散砂层潜水的影响程度，通过数值计算软件对松散砂层潜水进行流场相关数值模拟。

3.2.3.1 模型的建立

（1）模型的剖分

根据榆阳煤矿的实际水文地质资料选定模型的范围（该范围不包含红石峡水库），对研

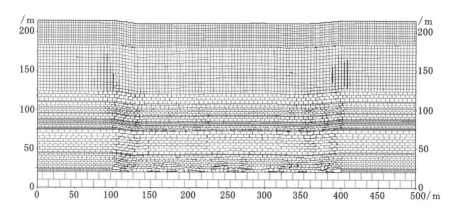

图 3-34 2⁻²煤层工作面开采结束后覆岩垮落及裂隙发育特征

究区进行三维剖分。研究区南北长 9 000 m,东西宽约 9 500 m,上下高差平均 50 m(三维模型见图 3-35)。将全区在平面上剖分成 95×90 的矩形网格单元,在垂向上只有 1 层潜水含水层,共 8 550 个单元。含水层的顶、底板标高以 GRD 形式输入到模型中,剖分后见图 3-36[30]。

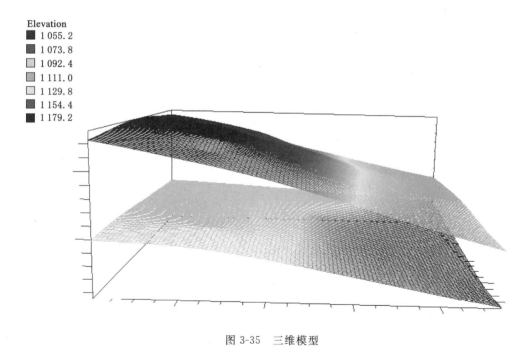

图 3-35 三维模型

(2)边界条件

由于研究区条件简单,将模型周边都设为水头边界,水头根据区域内潜水等水位线确定。左边界水头为 1 160 m,右边界水头为 1 100 m,上下边界水头采用线性梯度赋值,范围为 1 100~1 160 m。

(3)参数选择

研究区松散砂层潜水的渗透系数为 14.234~27.463 m/d,这里取为 18 m/d,含水层给

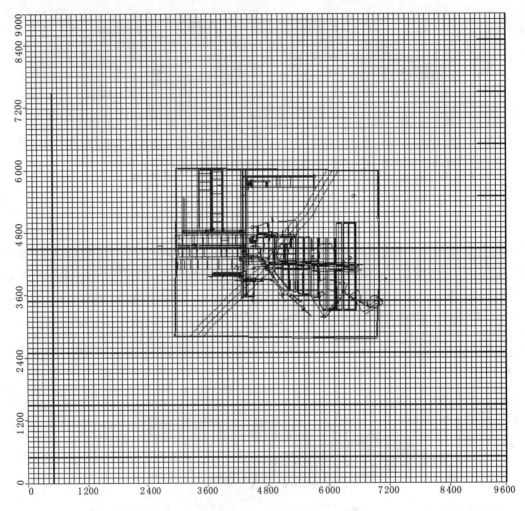

图 3-36　模型剖分图

水度取为 0.2。利用抽水井模拟矿区开采引起的潜水的渗漏。在 6 个长壁综采工作面共设抽水井 28 口,每口抽水井流量为 200 m³/d,共计 233 m³/h。长壁综采工作面中抽水井布置情况如图 3-37 所示。

3.2.3.2　模型求解

本次计算采用 Visual Modflow 2000 进行模型求解,求解共分为两阶段。首先根据边界条件,在不加载抽水井情况下,求解研究区内松散砂层潜水的初始流场,解得初始潜水位等值线如图 3-38 所示,初始流场如图 3-39 所示。然后一次加载 28 口抽水井,将初始流场的水位作为初始水位进行求解,解得榆阳煤矿大规模开采后松散砂层潜水位等值线如图 3-40 所示,流场如图 3-41 所示,降深等值线如图 3-42 所示。

3.2.3.3　模拟结果分析

通过数值模拟计算结果可以看出:

① 第一阶段的数值计算结果显示,研究区松散砂层潜水的流向主要为由西向东,这与图 2-8 显示的潜水流向是相符的,说明所建模型是合理的。

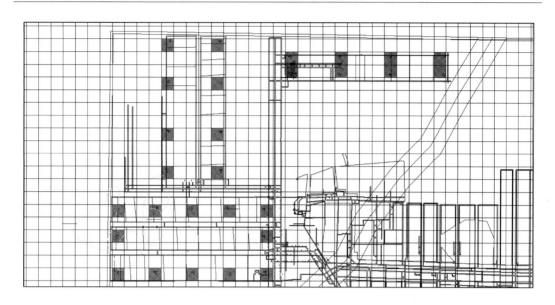

图 3-37　虚拟抽水井布置图

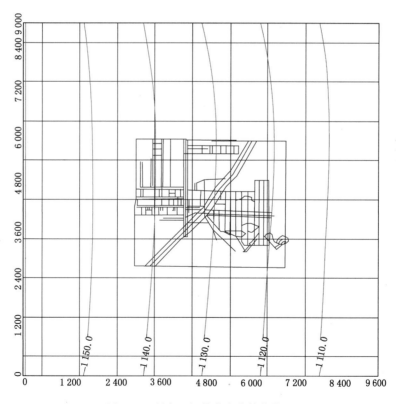

图 3-38　研究区初始潜水位等值线图

② 榆阳煤矿西部长壁综采工作面大规模开采以后,潜水位的等值线在矿区内有微弱的变化,但整体流向没有明显改变,说明目前开采强度对潜水流场的影响程度较低。

③ 第二阶段的数值计算结果显示,榆阳煤矿的开采在井田范围内形成了一定的潜水位

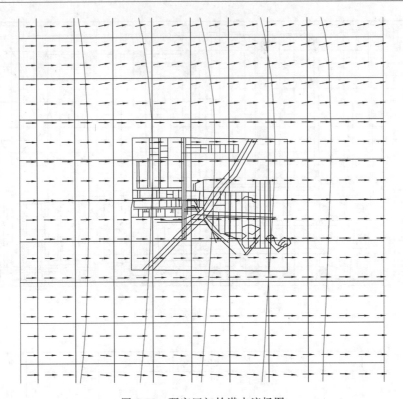

图 3-39　研究区初始潜水流场图

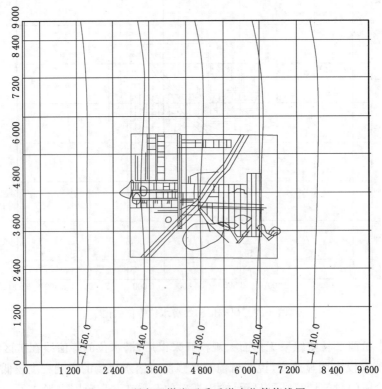

图 3-40　研究区煤炭开采后潜水位等值线图

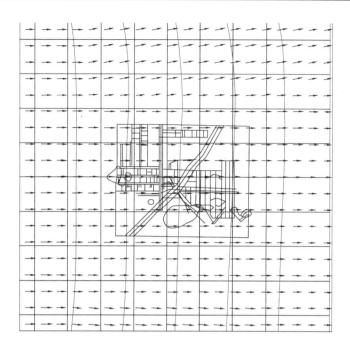

图 3-41　研究区开采后潜水流场图

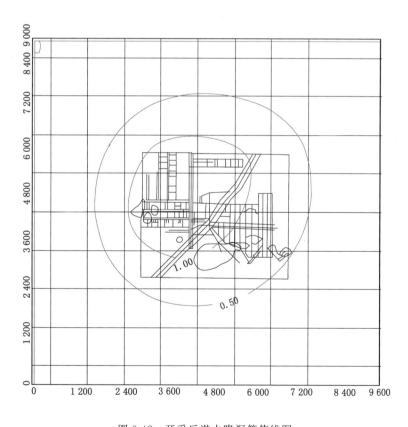

图 3-42　开采后潜水降深等值线图

降深。但降深在 0.5 m 以上的部分局限于目前开采的区域,这与野外民井调查结果是相符的。其主要影响范围集中在采空区外 2 000 m 以内,2 000 m 以外影响更加微弱。降深在 0.5 m 以上区域的面积在红石峡水库控制流域面积中占 2.13%,说明榆阳煤矿目前的开采状态不会对红石峡水库产生直接的影响。

3.2.4 多场联合模拟

为了评价煤炭开采对有效隔水土层中的水的影响,开展多场联合模拟,即采动裂隙场和电场联合模拟[30]。

3.2.4.1 电网络模型原理

描述地下水三维流动的基本方程如下所示:

$$\frac{\partial}{\partial x}\left(K_{xx}\frac{\partial H}{\partial x}\right) + \frac{\partial}{\partial y}\left(K_{yy}\frac{\partial H}{\partial y}\right) + \frac{\partial}{\partial z}\left(K_{zz}\frac{\partial H}{\partial z}\right) = s\frac{\partial H}{\partial t} \tag{3-2}$$

式中　H——水头,m;

　　　K_{xx}, K_{yy}, K_{zz}——沿 x, y, z 方向的渗透系数,m/d;

　　　s——储水率,m^{-1};

　　　t——时间,d。

式(3-2)的有限差分方程为:

$$K_{xx}(a)\frac{\Delta y \cdot \Delta z}{\Delta x}[H(1) - H(0)] + K_{xx}(b)\frac{\Delta y \cdot \Delta z}{\Delta x}[H(2) - H(0)] +$$

$$K_{yy}(e)\frac{\Delta x \cdot \Delta z}{\Delta y}[H(5) - H(0)] + K_{yy}(f)\frac{\Delta x \cdot \Delta z}{\Delta y}[H(6) - H(0)] +$$

$$K_{zz}(c)\frac{\Delta x \cdot \Delta y}{\Delta z}[H(3) - H(0)] + K_{zz}(d)\frac{\Delta x \cdot \Delta y}{\Delta z}[H(4) - H(0)]$$

$$\approx s(0) \cdot \Delta x \cdot \Delta y \cdot \Delta z \frac{\partial H(0)}{\partial t} \tag{3-3}$$

取图 3-43(a)所示的阻容网络模型。根据电流法则,节点 0 方程为:

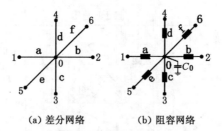

(a) 差分网络　　　　(b) 阻容网络

图 3-43　差分网络和阻容网络

$$\frac{V(1) - V(0)}{R_{xx}(a)} + \frac{V(2) - V(0)}{R_{xx}(b)} + \frac{V(5) - V(0)}{R_{yy}(e)} + \frac{V(6) - V(0)}{R_{yy}(f)} + \frac{V(3) - V(0)}{R_{zz}(c)} + \frac{V(4) - V(0)}{R_{zz}(d)}$$

$$= C(0)\frac{\partial V(0)}{\partial t_m} \tag{3-4}$$

式中　V——电压,V;

　　　R_{xx}, R_{yy}, R_{zz}——沿 x, y, z 方向的电阻,Ω;

　　　C——电容,F;

t_m——电模拟时间，s。

对比式(3-3)与式(3-4)可以看出，根据相似原理，图 3-43(b)所示的阻容网络模型可以模拟图 3-43(a)所示的地下水三维运动。该模拟系统为：

$$
\begin{cases}
V = \alpha H \\
R_{xx} = \beta \dfrac{\Delta x}{K_{xx} \Delta y \Delta z} \\
R_{yy} = \beta \dfrac{\Delta y}{K_{yy} \Delta x \Delta z} \\
R_{zz} = \beta \dfrac{\Delta z}{K_{zz} \Delta x \Delta y} \\
C = \gamma s \Delta x \Delta y \Delta z \\
I = \dfrac{\alpha}{\beta} Q \\
t_m = \beta \gamma t
\end{cases}
\tag{3-5}
$$

式中，α, β, γ 为 3 个相互独立的比例系数；Q 为水流量。

如果地下含水层为无压含水层，则可以考虑地下水运动符合具有三维流动特征的无压含水层数学模型（Neuman 模型）：

$$
\begin{cases}
\dfrac{\partial}{\partial x}(K_{xx} \dfrac{\partial H}{\partial x}) + \dfrac{\partial}{\partial y}(K_{yy} \dfrac{\partial H}{\partial y}) + \dfrac{\partial}{\partial z}(K_{zz} \dfrac{\partial H}{\partial z}) = s \dfrac{\partial H}{\partial t} \\
- K_{zz} \dfrac{\partial H}{\partial z}\bigg|_{z=0'} = \mu \dfrac{\partial H}{\partial t}
\end{cases}
\tag{3-6}
$$

式中　μ——给水度；

$0'$——自由液面上任一点。

方程组(3-6)中第一式是三维流动的基本方程，这里不再重复讨论。第二式是无压水自由液面方程。该式的有限差分近似式为：

$$
K_{zz}(d) \frac{\Delta x \Delta y}{\Delta z} [H(0) - H(0')] \approx \mu \Delta x \Delta y \frac{\partial H(0')}{\partial t}
\tag{3-7}
$$

取图 3-44 所示的阻容网络模型模拟 Neuman 模型。根据电流法则，自由液面上任一点 $0'$ 的电流方程为：

$$
\frac{V(0) - V(0')}{R_{zz}(d)} = C_r(0') \frac{\partial V(0')}{\partial t_m}
\tag{3-8}
$$

从上述两式的对比并参考图 3-43(b)所示的阻容网络模型可以看出，图 3-44 所示的阻容网络模型可模拟 Neuman 模型。该模型系统只需要在三维流动的模拟系统中增加 $C_r = \gamma \mu \Delta x \Delta y$ 就可以了。

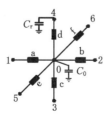

图 3-44　阻容网络

3.2.4.2 电网络模型搭建

(1)水文地质条件

本次研究基于神南矿区水文地质条件进行仿真。覆岩构成及水文参数如下所示：
(1)第四系全新统冲、洪积层孔隙潜水含水层组，一般厚 5.00 m 左右，水位埋藏深度0.50～4.40 m，一般 2 m 左右，渗透系数 1.337～6.42 m/d。(2)第四系更新统萨拉乌苏组孔隙潜水含水层，厚 0～25.04 m，一般厚 10.00 m 左右，水位埋深 2.80～16.20 m，渗透系数0.044 8～6.883 m/d。(3)第四系更新统黄土相对隔水层，厚 0～59.26 m，一般厚 22.00 m左右，渗透系数 0.04～0.13 m/d。(4)新近系中新统保德组红土相对隔水层，厚 0～107.81 m，一般厚 10.00～40.00 m，渗透系数 0.001 6～0.017 m/d。(5)碎屑岩风化裂隙含水层，厚 10.00～56.76 m，一般厚 30.00～50.00 m，渗透系数 0.056 59～0.111 m/d。

以柠条塔煤矿为工程原型，其覆岩构成及厚度如表 3-7 所示。

表 3-7　覆岩构成及厚度　　　　　　　　　　　　　　单位：m

序号	岩性	厚度
1	萨拉乌苏组	10
2	黄土	31
3	红土	60
4	风化基岩	19.5
5	基岩	77.9
2^{-2}煤覆岩总厚度		198.4

(2)模型搭建

根据表 3-7 所示覆岩构成及厚度，确定本次电网络模型参数如表 3-8 所示。

表 3-8　电网络模型参数

岩性	厚度/m	渗透系数/(m/d)	储水率/m^{-1}
萨拉乌苏组	10	3.880 0	1.7×10^{-4}
黄土	30	0.017 0	1.3×10^{-3}
红土	60	0.001 6	2.6×10^{-3}
风化基岩	20	0.083 8	4.0×10^{-5}
基岩	80	0.001 0	3.0×10^{-3}

为了便于模拟"三下"采煤对导水裂缝带和水体的影响，建立模型时主要考虑工作面覆岩剖面水流流动情况（即只考虑 Δy、Δz 方向，Δx 取值为 1 m 即可）。其中，y 方向 $L_y=400$ m，取 $\Delta y=10$ m；z 方向 $L_z=200$ m，取 $\Delta z=10$ m。即工作面剖面划分为 41×21 的节点网络结构，如图 3-45 所示，节点表达方式为 $i\times j$，其中 $i=1,2,3,\cdots,21$，$j=1,2,3,\cdots,41$。

覆岩结构包括：萨拉乌苏组孔隙潜水含水层、黄土相对隔水层、红土相对隔水层、碎屑岩风化裂隙含水层、基岩相对隔水层。根据每层岩石特性，定义如图 3-46(a)所示地下水流动示意图。其中，含水层考虑 y、z 两个方向的水流，而隔水层只考虑 z 方向的越流补给情况

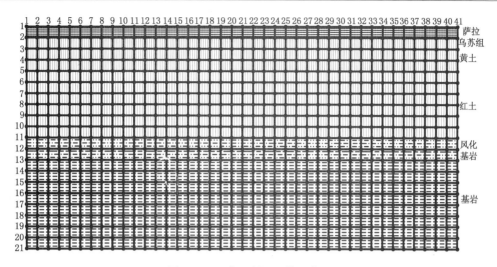

图 3-45　工作面剖面网络示意图

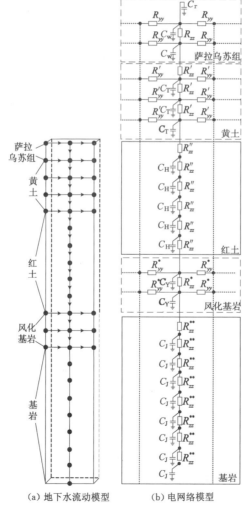

（a）地下水流动模型　　（b）电网络模型

图 3-46　地下水流动和电网络模型示意图

（为区别黄土相对隔水层与红土相对隔水层，考虑黄土相对隔水层 y、z 两个方向），基岩相对隔水层渗透系数较小，在未导通情况下当作绝对隔水层模拟。

据上所述，电网络模型某一列示意图如图 3-46(b) 所示。

根据式 (3-5)，定义本次模型参数如下所示：

$$
\begin{cases}
V = \alpha H \\
V^* = \alpha H^* \\
R_{yy} = \beta \dfrac{\Delta y}{K_{yy} \Delta x \Delta z} \\
R_{zz} = \beta \dfrac{\Delta z}{K_{zz} \Delta x \Delta y} \\
R_{yy}{}' = \beta \dfrac{\Delta y}{K_{yy}{}' \Delta x \Delta z} \\
R_{zz}{}' = \beta \dfrac{\Delta z}{K_{zz}{}' \Delta x \Delta y} \\
R_{zz}{}'' = \beta \dfrac{\Delta z}{K_{zz}{}'' \Delta x \Delta y} \\
R_{yy}^* = \beta \dfrac{\Delta y}{K_{yy}^* \Delta x \Delta z} \\
R_{zz}^* = \beta \dfrac{\Delta z}{K_{zz}^* \Delta x \Delta y} \\
R_{zz}^{**} = \beta \dfrac{\Delta z}{K_{zz}^{**} \Delta x \Delta y} \\
C_r = \gamma \mu \Delta x \Delta y \\
C_w = \gamma s \Delta x \Delta y \Delta z \\
C_T = \gamma s' \Delta x \Delta y \Delta z \\
C_H = \gamma s'' \Delta x \Delta y \Delta z \\
C_Y = \gamma s^* \Delta x \Delta y \Delta z \\
C_J = \gamma s^{**} \Delta x \Delta y \Delta z
\end{cases}
\tag{3-9}
$$

其电流 I 与水流量 Q、时间参数 t_m 与 t 的关系式如下所示：

$$
\begin{cases}
I = \dfrac{\alpha}{\beta} Q \\
t_m = \beta \gamma t
\end{cases}
\tag{3-10}
$$

式中　① 水文参数：

　　H, H^* ——分别表示萨拉乌苏组、风化基岩层水头，m；

　　μ ——萨拉乌苏组给水度；

　　s, s', s'', s^*, s^{**} ——分别表示萨拉乌苏组、黄土层、红土层、风化基岩层、基岩层储水率，m^{-1}；

　　K_{yy}, K_{zz} ——分别表示萨拉乌苏组沿主渗 y，z 方向的渗透系数，m/d；

　　$K_{yy}{}', K_{zz}{}'$ ——分别表示黄土层沿主渗 y，z 方向的渗透系数，m/d；

　　$K_{zz}{}''$ ——红土层沿主渗 z 方向的渗透系数，m/d；

　　K_{yy}^*, K_{zz}^* ——分别表示风化基岩层沿主渗 y，z 方向的渗透系数，m/d；

K_{zz}^{**} ——基岩层沿主渗 z 方向的渗透系数，m/d；

t——时间，d。

② 电参数：

V, V^* ——分别表示萨拉乌苏组水头模拟电压、风化基岩层水头模拟电压，V；

R_{yy}, R_{zz} ——分别表示萨拉乌苏组沿 y, z 方向的模拟电阻，Ω；

R_{yy}', R_{zz}' ——分别表示黄土层沿 y, z 方向的模拟电阻，Ω；

R_{zz}'' ——红土层沿 z 方向的模拟电阻，Ω；

R_{yy}^*, R_{zz}^* ——分别表示风化基岩层沿 y, z 方向的模拟电阻，Ω；

R_{zz}^{**} ——基岩层沿 z 方向的模拟电阻，Ω；

$C_r, C_w, C_T, C_H, C_Y, C_J$ ——电容(分别用于模拟萨拉乌苏组水的存储量以及萨拉乌苏组、黄土层、红土层、风化基岩层、基岩层水的释放量)，F；

I ——电流，A；

t_m ——电模拟时间，s。

考虑在 y, z 方向上各向同性，即 $K_{yy} = K_{zz}$、$K_{yy}' = K_{zz}'$、$K_{yy}^* = K_{zz}^*$。萨拉乌苏组给水度取 0.1，水位埋藏深度 195~198 m；风化基岩水位埋藏深度 180~183 m。

电参数参照式(3-9)和式(3-10)计算，结果如下：

$$V = \alpha H = 198 \ (\text{V})$$

$$V^* = \alpha H^* = 195 \ (\text{V})$$

$$R_{yy} = \beta \frac{\Delta y}{K_{yy} \Delta x \Delta z} = 10^{-2} \times \frac{10}{3.88 \times 10} = 0.002\,58 \ (\Omega)$$

$$R_{zz} = \beta \frac{\Delta z}{K_{zz} \Delta x \Delta y} = 10^{-2} \times \frac{10}{3.88 \times 10} = 0.002\,58 \ (\Omega)$$

$$R_{yy}' = \beta \frac{\Delta z}{K_{zz}' \Delta x \Delta y} = 10^{-2} \times \frac{10}{0.017 \times 10} = 0.588 \ (\Omega)$$

$$R_{zz}' = \beta \frac{\Delta z}{K_{zz}' \Delta x \Delta y} = 10^{-2} \times \frac{10}{0.017 \times 10} = 0.588 \ (\Omega)$$

$$R_{zz}'' = \beta \frac{\Delta z}{K_{zz}'' \Delta x \Delta y} = 10^{-2} \times \frac{10}{0.001\,6 \times 10} = 6.25 \ (\Omega)$$

$$R_{yy}^* = \beta \frac{\Delta y}{K_{yy}^* \Delta x \Delta z} = 10^{-2} \times \frac{10}{0.083\,8 \times 10} = 0.119 \ (\Omega)$$

$$R_{zz}^* = \beta \frac{\Delta z}{K_{zz}^* \Delta x \Delta y} = 10^{-2} \times \frac{10}{0.083\,8 \times 10} = 0.119 \ (\Omega)$$

$$R_{zz}^{**} = \beta \frac{\Delta z}{K_{zz}^{**} \Delta x \Delta y} = 10^{-2} \times \frac{10}{0.001 \times 10} = 10 \ (\Omega)$$

$$C_r = \gamma \mu \Delta x \Delta y = 10^{-4} \times 0.1 \times 10 \times 10 = 0.001 \ (\text{F})$$

$$C_w = \gamma s \Delta x \Delta y \Delta z = 10^{-4} \times 1.7 \times 10^{-4} \times 10 \times 10 = 1.7 \times 10^{-6} \ (\text{F})$$

$$C_T = \gamma s' \Delta x \Delta y \Delta z = 10^{-4} \times 1.3 \times 10^{-3} \times 10 \times 10 = 1.3 \times 10^{-5} \ (\text{F})$$

$$C_H = \gamma s'' \Delta x \Delta y \Delta z = 10^{-4} \times 2.6 \times 10^{-3} \times 10 \times 10 = 2.6 \times 10^{-5} \ (\text{F})$$

$$C_Y = \gamma s^* \Delta x \Delta y \Delta z = 10^{-4} \times 4.0 \times 10^{-5} \times 10 \times 10 = 4.0 \times 10^{-7} \ (\text{F})$$

$$C_J = \gamma s^{**} \Delta x \Delta y \Delta z = 10^{-4} \times 3.0 \times 10^{-3} \times 10 \times 10 = 3.0 \times 10^{-5} \ (\text{F})$$

$$I = \frac{\alpha}{\beta}Q = 10^2 Q$$

$$t_{\mathrm{m}} = \beta\gamma t = 10^{-6}t$$

利用 Matlab 软件中的 Simulink 可视化仿真功能,搭建如图 3-47 所示的地下水运行电网络模型。

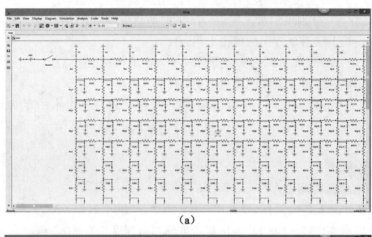

(a)

(b)

图 3-47　Matlab 实物仿真图

对未受采掘扰动影响即稳态下水位进行模型仿真,得出萨拉乌苏组、黄土层、红土层、风化基岩层水位如图 3-48 所示。

3.2.4.3　采掘扰动下的模型仿真分析

采用 UDEC 数值模拟软件,重点研究 2^{-2} 煤层开采过程中覆岩移动规律和裂隙发育特征。通过改变扰动阴影内的渗透系数,调整电网络模型模拟电阻达到模拟工作面覆岩水流动现象,主要考察采掘工作对萨拉乌苏组含水层保护层厚度的影响。图 3-49 表示工作面初次来压时扰动阴影发育情况,初次来压步距 45 m,裂隙发育高度 49.5 m,图中黑色部分表示煤层,中间的白色部分表示开采区域,模型左边界留有 100 m 煤柱区。此时,基岩未导通,如图 3-50 所示,萨拉乌苏组、黄土层、红土层、风化基岩层水位与图 3-48 所示稳态下水位情况一样,未发生变化。

　　图 3-51 表示工作面推进 85 m 时扰动阴影发育情况,裂隙发育高度 92.4 m。此时,裂隙导通至风化基岩层 12.4 m,萨拉乌苏组、黄土层、红土层、风化基岩层水位如图 3-52 所示。

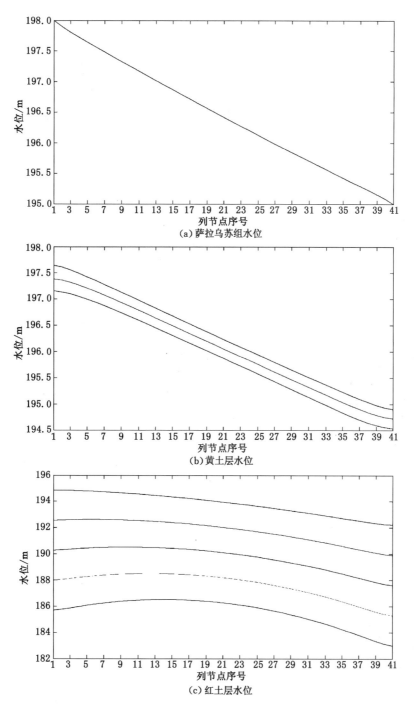

(a) 萨拉乌苏组水位

(b) 黄土层水位

(c) 红土层水位

图 3-48　未受采掘影响即稳态水位运行结果

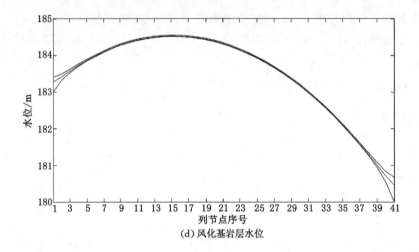

(d) 风化基岩层水位

图 3-48(续)

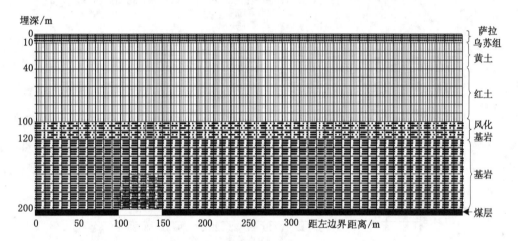

图 3-49　工作面初次来压时扰动阴影发育情况

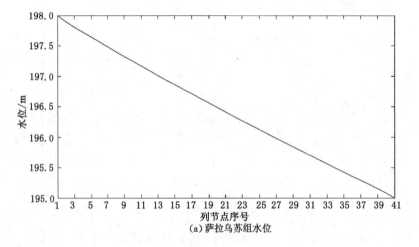

(a) 萨拉乌苏组水位

图 3-50　工作面初次来压时水位变化情况

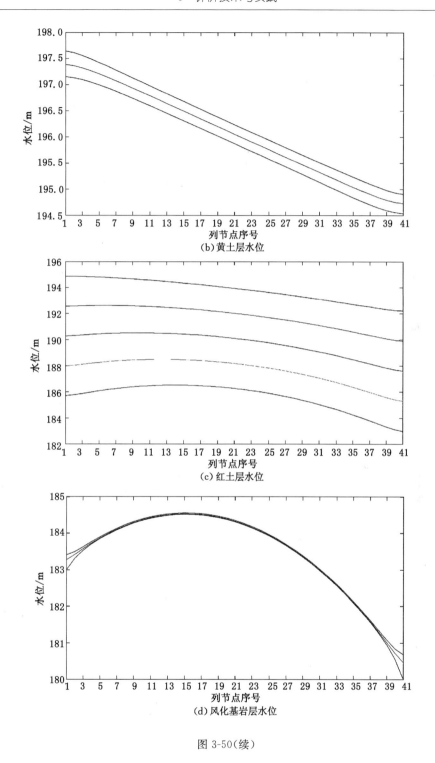

图 3-50(续)

图 3-53 表示工作面推进 100 m 时扰动阴影发育情况,裂隙发育高度 119.6 m。此时,裂隙导通至红土层 19.6 m,萨拉乌苏组、黄土层、红土层、风化基岩层水位如图 3-54 所示。

图 3-55 表示工作面推进 120 m 时扰动阴影发育情况,裂隙发育高度 142.1 m。此时,

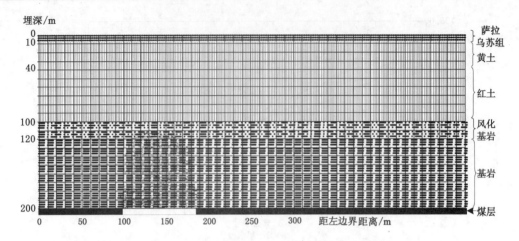

图 3-51　工作面推进 85 m 时扰动阴影发育情况

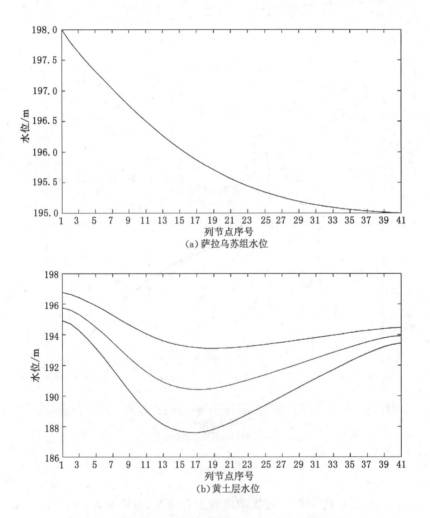

图 3-52　工作面推进 85 m 时水位变化情况

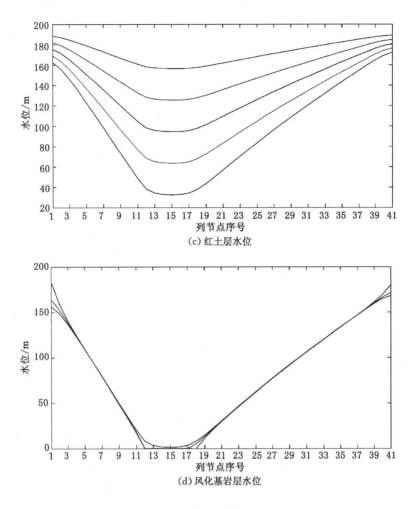

（c）红土层水位

（d）风化基岩层水位

图 3-52（续）

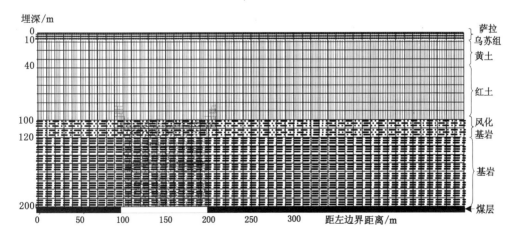

图 3-53　工作面推进 100 m 时扰动阴影发育情况

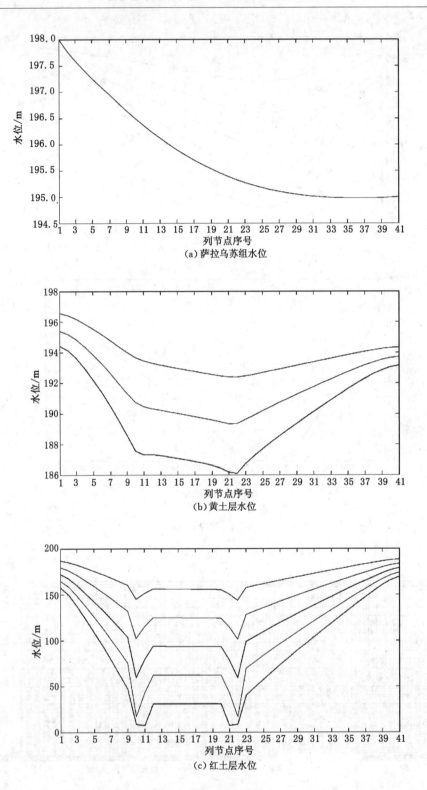

(a) 萨拉乌苏组水位

(b) 黄土层水位

(c) 红土层水位

图 3-54 工作面推进 100 m 时水位变化情况

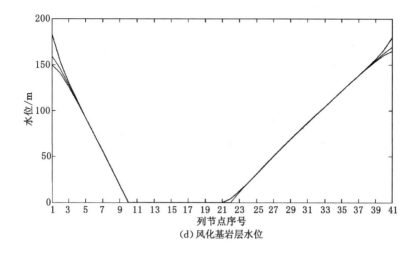

(d) 风化基岩层水位

图 3-54(续)

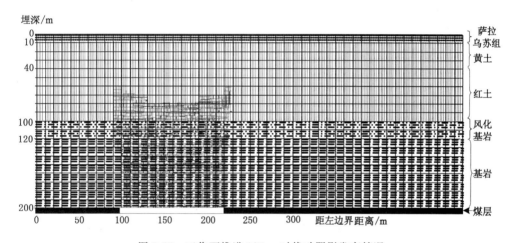

图 3-55 工作面推进 120 m 时扰动阴影发育情况

裂隙导通至红土层 42.1 m,萨拉乌苏组、黄土层、红土层、风化基岩层水位如图 3-56 所示。

图 3-57 表示工作面推进 130 m 时扰动阴影发育情况,裂隙发育高度 158.9 m。此时,裂隙导通至红土层 58.9 m,红土层基本被导通,萨拉乌苏组、黄土层、红土层、风化基岩层水位如图 3-58 所示。

图 3-59 表示工作面推进 150 m 时扰动阴影发育情况,裂隙发育高度 166.7 m。此时,裂隙导通至黄土层 6.7 m,萨拉乌苏组、黄土层、红土层、风化基岩层水位如图 3-60 所示。

假设将 30 m 黄土层考虑为红土层进行模拟,工作面推进 150 m 时萨拉乌苏组、红土层、风化基岩层水位如图 3-61 所示。

综上所述,以节点 20 为例,对比工作面推进过程中的水位变化情况。由表 3-9 可知,当风化基岩导通 12.4 m 时,水位与稳态水位相比降低 0.9 m;当红土层导通 19.6 m 时,水位与稳态水位相比降低 1.1 m;当红土层导通 42.1 m 时,水位与稳态水位相比降低 1.5 m;当红土层导通 58.9 m 时,水位与稳态水位相比降低 2.4 m;当黄土层导通 6.7 m 时,水位与稳

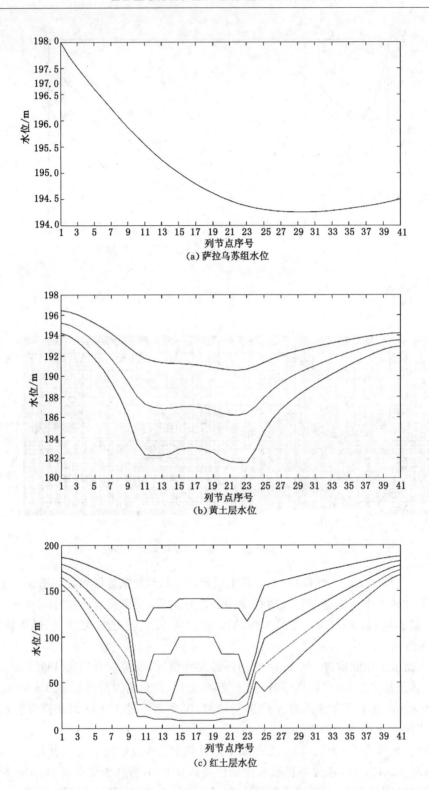

(a) 萨拉乌苏组水位

(b) 黄土层水位

(c) 红土层水位

图 3-56　工作面推进 120 m 时水位变化情况

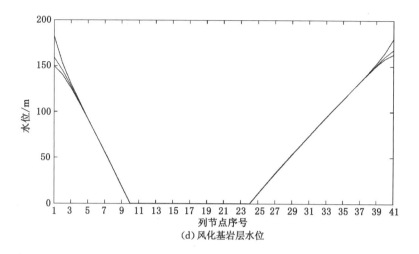

(d) 风化基岩层水位

图 3-56(续)

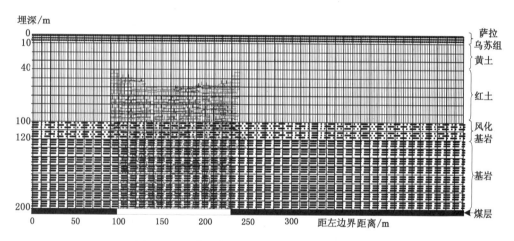

图 3-57 工作面推进 130 m 时扰动阴影发育情况

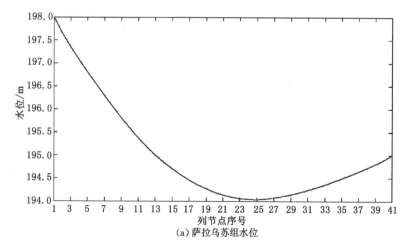

(a) 萨拉乌苏组水位

图 3-58 工作面推进 130 m 时水位变化

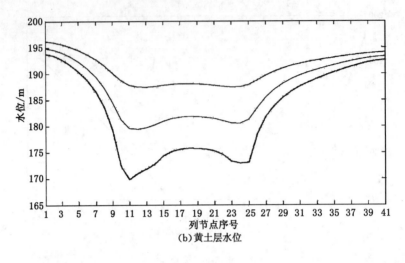

(b)黄土层水位

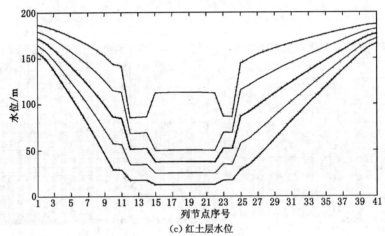

(c)红土层水位

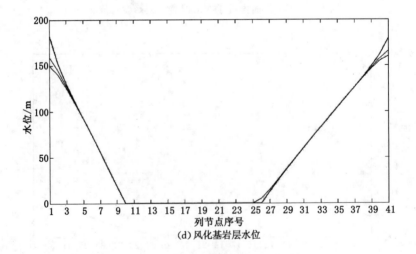

(d)风化基岩层水位

图 3-58(续)

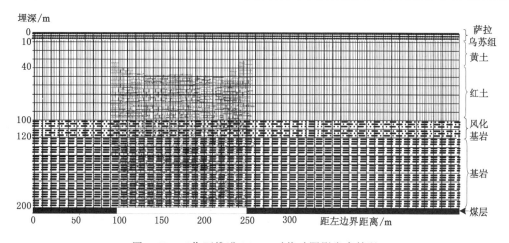

图 3-59 工作面推进 150 m 时扰动阴影发育情况

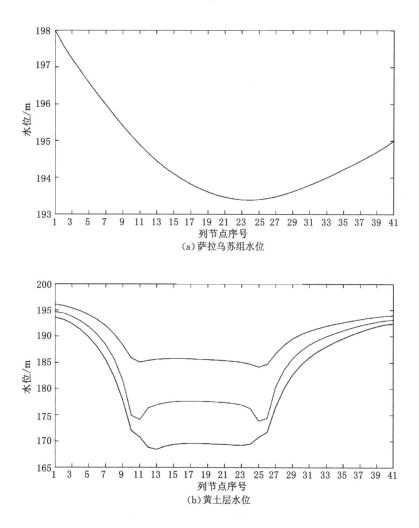

图 3-60 工作面推进 150 m 时水位变化情况

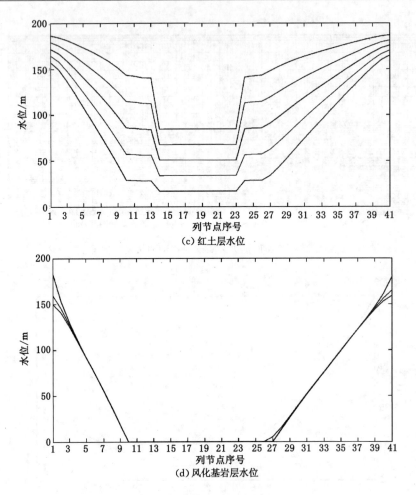

(c) 红土层水位

(d) 风化基岩层水位

图 3-60(续)

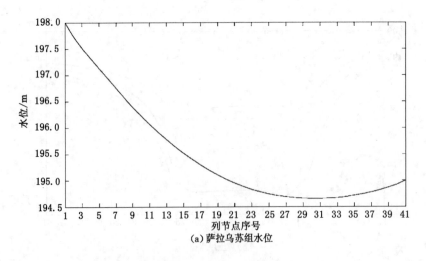

(a) 萨拉乌苏组水位

图 3-61　工作面推进 150 m 时水位变化情况（全红土）

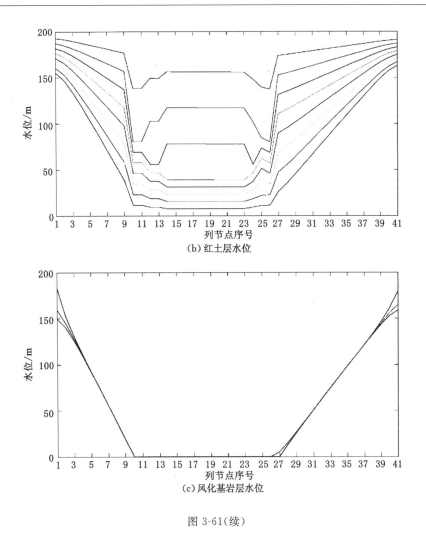

(b) 红土层水位

(c) 风化基岩层水位

图 3-61(续)

态水位相比降低 3 m；当黄土层全部换算为红土层时，水位与稳态水位相比降低 1.7 m。可知，相对黄土层，红土层对水位保护作用更加明显。

表 3-9　节点 20 水位

工作面推进距离/m	水位/m
45	196.5
85	195.6
100	195.4
120	195.0
130	194.1
150	193.5
150(全红土)	194.8

3.3 其他分析技术与实践

有关煤炭开采对水资源的影响评价技术,除了常见的物理模拟和数值模拟技术外,还有其他评价方法,如图层叠置分析、水均衡分析等。

3.3.1 图层叠置分析

本次评价的是榆神矿区的小保当煤矿,采用的评价方法是图层叠置分析,具体如下:

3.3.1.1 影响因素分析

(1)导水裂缝带高度

根据井田内 100 多个钻孔的统计数据,结合规范,绘制出研究区首采煤层导水裂缝带发育高度等值线图。

导水裂缝带发育高度不均匀,总体趋势为由北向南逐渐变大:高家柳壕附近发育高度较小,在 40 m 以下,这对臭柏保护区水源保护是有利的;井田南部石步梁附近导水裂缝带发育高度较大,一般在 150 m 左右,局部达 200 m 以上,这对保护砂层水是不利的。

(2)基岩厚度

研究区基岩厚度等值线图如图 3-62 所示。从图 3-62 可以看出,整个井田首采煤层上覆基岩厚度总体趋势为西部厚东部薄。井田东部王家伙场以东基岩厚度相对较薄,基本在

图 3-62　小保当井田首采煤层上覆基岩厚度等值线图

200 m 以下;而前沟石犁附近较厚,基本在 300 m 以上,这对保护砂层水是有利的。

(3) 隔水黏土层厚度

由隔水黏土层厚度等值线图 3-63 可知,黏土层厚度变化大,为 0～139.50 m,平均42.34 m。其总体变化趋势为:西南部较厚,最厚可达 139.50 m,是保护砂层水的有利的工程地质条件;西北、东北部较薄,厚度小于 10 m,是保护砂层水的薄弱环节;分水岭附近较厚,风沙滩地附近薄,甚至缺失。

图 3-63　小保当井田隔水黏土层厚度等值线图

(4) 松散含水层厚度

根据钻孔统计资料绘制研究区松散含水层厚度等值线图,结果如图 3-64 所示。由图 3-64 可知,研究区松散含水层厚度一般为 20～40 m,最大为 73.5 m。

3.3.1.2　采煤对水资源影响分区标准

小保当井田在综采条件下导水裂缝带不会直接沟通松散含水层,但隔水层较薄区域、边缘拉伸裂隙、局部裂隙及离层会造成松散含水层水越流进入矿井,而边缘拉伸裂隙、局部裂隙及离层的发育情况受不同的水工条件影响,特别是隔水黏土层的厚度(保德组红土厚度)。

图 3-64　小保当井田松散含水层厚度等值线图

因此采煤对水资源影响主要分为三个区，即不失水区、轻微失水区、一般失水区。

不失水区：预计导水裂缝带未发育到隔水黏土层，且隔水黏土层发育较厚区域，地下水位只受沉降影响，短时间内可以恢复。

轻微失水区：预计导水裂缝带未发育到隔水黏土层，且隔水黏土层相对较薄区域，渗漏后水位不会低于该区平均水位且水位在一个水文年内可以恢复。

一般失水区：残余基岩厚度较薄且隔水黏土层发育较少或缺失的区域，隔水层尚有一定的有效隔水性，但水位短期内难以恢复。

3.3.1.3　分区方法

利用克里金法生成隔水黏土层区域分布图。根据上述确定的分区标准，先圈定隔水黏土层厚度大于 80 m 的区域，如图 3-65 所示（其中圈定区域以内的部分为不失水区）；然后圈定隔水黏土层厚度小于 10 m 的区域，如图 3-66 所示。叠加图 3-65 和图 3-66 得出隔水黏土层厚度大于 80 m、10～80 m 以及小于 10 m 的区域，依据分区标准依次划分为不失水区、轻微失水区和一般失水区。

3.3.1.4　分区结果及评价

根据前述分区方法，可得到小保当井田首采煤层开采对井田范围水资源的影响分区图，如图 3-67 所示。

由图 3-67 可知，井田内首采煤层开采后大部分区域会失水，主要以轻微失水为主，一般

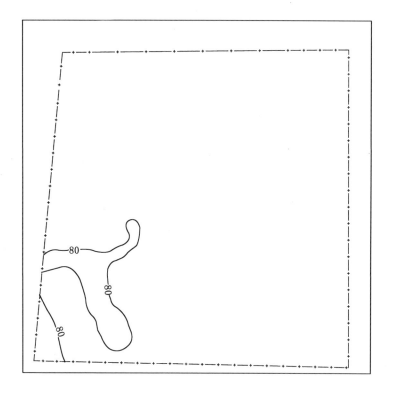

图 3-65　隔水黏土层厚度大于 80 m 区域分布图

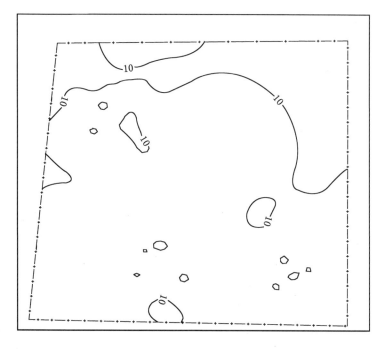

图 3-66　隔水黏土层厚度小于 10 m 区域分布图

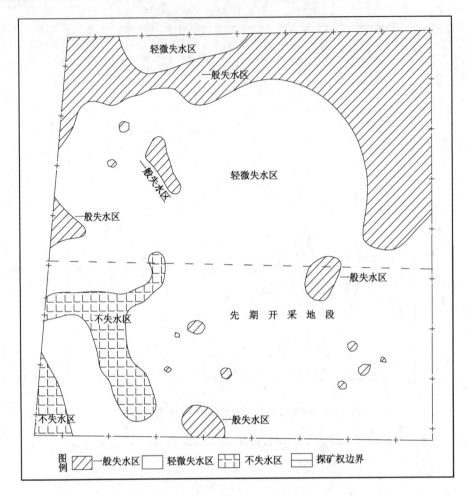

图 3-67　水资源影响分区图

失水区主要分布在井田北部及西部,这与煤层上覆基岩厚度以及隔水层厚度有关。由图 3-67 可知,井田北部臭柏保护区在附近煤层开采后会有一定程度的失水,说明此区域受采动影响相对较大,因此在煤层开采时建议采取保水措施。

3.3.1.5　采煤对水源保护区及区域地表水体的影响预测

（1）采煤对水源保护区的影响

前面已经论述小保当井田首采煤层开采对地下水的影响,可以看出部分区域潜水基本不受影响,短期内既可以恢复,基岩含水层虽然已经局部疏干但是本身水量小受影响有限。小保当井田首采煤层的开采不会直接造成水源保护区水源的漏失,只是在有限的程度上对水源保护区的水位及汇水面积有一定的影响。

小保当井田范围内水源保护区发育面积较小,仅臭柏保护区一部分位于井田北部角落区。根据分区图可以看出井田北部臭柏保护区附近为一般失水区,首采煤层开采后井田范围内臭柏保护区水源会出现一定的漏失。

位于井田范围外的水源保护区影响范围可根据大井法引用影响半径公式计算并圈定,圈定的影响结果如图 3-68 所示,虚线范围以内的水源保护区会受到影响,而虚线范围以外区域不会受到影响。

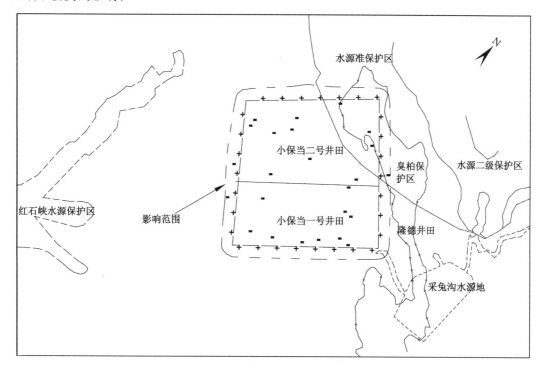

图 3-68　水源保护区位置图

（2）采煤对区域地表水体的影响

根据分区图可知首采煤层开采后，井田范围内位于一般失水区的地表水会受到影响。其中，井田西部方家伙场、纪家伙场附近的代角海子、打则汗海子等以及井田北部白草界大海子和大树湾羊场附近海子会受到影响，可能会出现干涸现象，短期内较难恢复；井田南部由于隔水黏土层发育较厚，大部分区域不会受到影响。

3.3.2　水均衡分析

为评价煤炭开采对研究区地下水系统的影响，对研究区地下水系统水均衡进行分析。本次水均衡分析分为三个阶段：

① 第一阶段：全区煤炭没有开采之前的水均衡分析；

② 第二阶段：榆神一期、二期煤炭开采时的水均衡分析；

③ 第三阶段：榆神一期、二期、三期及四期煤炭同时开采时的水均衡分析。

3.3.2.1　地下水水均衡计算概况

（1）水均衡区域

本次计算的对象为榆神矿区的松散砂层潜水的地下含水层，如图 3-69 中的风沙滩地貌区域。

（2）水均衡方程式

水均衡方程式如下：

$$\Delta W = W_1 + W_2 + W_3 - W_4 - W_5 - W_6 - W_7 \tag{3-11}$$

式中，ΔW 为水均衡区域水系统变化量，m^3/a；W_1 为水均衡区域大气降水补给地下水

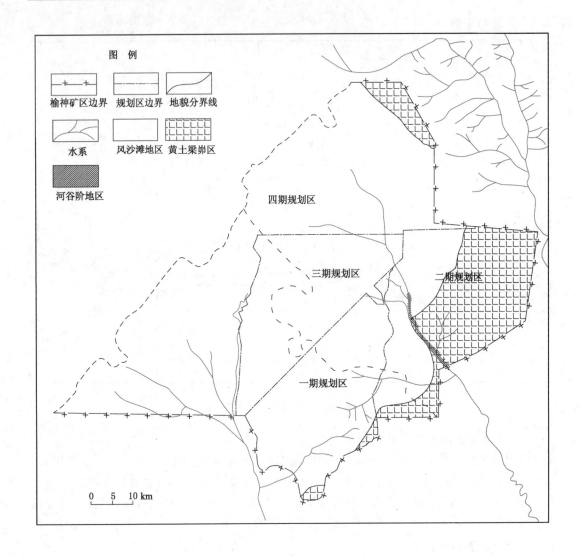

图 3-69 地貌分区图

量,m^3/a;W_2为水均衡区域地下水侧向补给量,m^3/a;W_3为水均衡区域地下水凝结水补给量,m^3/a;W_4为水均衡区域地下水产流量,m^3/a;W_5为水均衡区域地下水蒸发量,m^3/a;W_6为水均衡区域地下水灌溉损失量,m^3/a;W_7为水均衡区域地下水采矿涌水量,m^3/a。

3.3.2.2 地下水第一阶段水均衡分析

(1)大气降水补给地下水量(W_1)

该区属温带大陆性半干旱季风气候。降水集中在夏季和秋季(日降水量最高65.5 mm),据榆林气象站 1984—2002 年观测资料,年平均降水量 279~541 mm,较集中于7~9 月份,约占全年的 30%。本次计算取年降水量 300 mm,均衡区面积取 4 500 km^2,则有降水补给量 $1.35×10^9$ m^3/a。按照降水入渗系数为 0.3 计算,则有大气降水补给地下水量$4.1×10^8$ m^3/a。

(2)地下水侧向补给量(W_2)

研究区有一个长 138.72 km 流量交换的地下水侧向补给边界,流量交换边界厚度为 6.78~162 m,渗透系数取 3.5~10.0 m/d,结合水力坡度,补给量为 $2.6×10^7$ m³/a。

(3)地下水凝结水补给量(W_3)

根据《定边县北部平原区农田供水水文地质勘查报告岩》,实测凝结水补给模数为 127.94 m³/(d·km²),均衡区面积取 4 500 km²,则有凝结水补给量 $2.1×10^8$ m³/a。

(4)地下水产流量(W_4)

水均衡区地下水的产流主要为榆溪河和秃尾河两大水系,两条河均发育在水均衡区且在区内径流并从水均衡区流出。地表水的补给来源一般为两部分,一部分为大气降水转化为地表径流部分,另一部分是地下水产流部分。其中,大气降水转化部分可以依据经验估算,该地区降雨以暴雨为主,且地表以粉砂、细砂为主,地表径流系数取 0.4,即大气降水产流量为 $5.4×10^8$ m³/a。榆溪河和秃尾河的总径流量为 $6.4×10^8$ m³/a,减去大气降水产流部分,即地下水产流量为 $1.0×10^8$ m³/a。

(5)地下水蒸发量(W_5)

这里所说的地下水蒸发量包括潜水的蒸发量和植物的蒸腾量。影响地下水蒸发量的因素多种多样,主要包括地下潜水位埋深、土的性质和结构、地面生长的作物及该地区的气象条件(温度、降水量等)。经验公式如下:

$$E_{gb} = E_0(1 - \frac{H}{H_0})^b \tag{3-12}$$

式中,E_{gb} 为潜水蒸发强度,mm/a;E_0 为该地区气象条件下水面蒸发强度,取 1 700 mm/a;H 为潜水位埋深,m;H_0 为极限蒸发埋深,m,该区取 8 m;b 为常数项,与土质有关,一般取 1~3。

根据由式(3-12)计算出的潜水蒸发强度,得出地下水蒸发量为 $3.5×10^8$ m³/a。

(6)地下水灌溉损失量(W_6)

这里所说的地下水灌溉损失量是指民井在开采后,灌溉总量除去回归地下水的部分以外的消耗量。据农田灌溉资料分析统计,地下水灌溉损失量为 $7.0×10^7$ m³/a。

(7)地下水采矿涌水量(W_7)

煤炭没有开采时该项为 0。

(8)第一阶段水均衡计算

将(1)至(7)项代入式(3-11),可以得到第一阶段水均衡为正均衡,均衡值为 $1.26×10^8$ m³/a。

3.3.2.3 地下水第二阶段水均衡分析

(1)大气降水补给地下水量(W_1)

榆神矿区一期、二期采动后,降水量基本不变,均衡区的降水补给量仍然为 $1.35×10^9$ m³/a。但降水入渗系数会有小幅增大,按 0.35 计算,则有大气降水补给地下水量 $4.7×10^8$ m³/a。

(2)地下水侧向补给量(W_2)

水均衡区的地下水侧向补给边界位于陕蒙边界,即榆神四期西部,榆神一期、二期的煤炭开采对地下水侧向补给几乎没有影响,地下水侧向补给量仍然为 $2.6×10^7$ m³/a。

(3)地下水凝结水补给量(W_3)

依据前述分析,榆神一期、二期煤炭开采后地下水凝结水补给量会变大,其主要影响因素为包气带厚度。依据钻孔 Y68 揭露情况有以下认识:含水层厚 58.9 m,原始水位埋深 32.58 m,即原始包气带厚 32.58 m,采动后包气带厚 58.9 m,为原来的 1.8 倍,即凝结水的第一部分为原来的 1.8 倍。另外,依据《沙漠滩区凝结水补给机理研究》一文中计算的陕北沙滩区第一部分和第二部分的补给量的比例为 1:2.57,得出第二阶段地下水凝结水补给量为 2.57×10^8 m³/a。

(4) 地下水产流量(W_4)

榆神一期、二期主要为榆溪河的径流区和排泄区,而非产流区;但秃尾河的部分产流区即红柳沟以上河段,形成了清水泉、采兔沟泉、黑龙沟泉等诸多大泉。参照产流面积估算,地下水产流量会下降为 8.8×10^7 m³/a。

(5) 地下水蒸发量(W_5)

地下水蒸发主要发生在极限蒸发深度以上。榆神一期、二期的地下潜水位绝大多数在极限蒸发深度以上,只有极少部分在极限蒸发深度以下。依据面积估算,地下水蒸发量约为 3.2×10^8 m³/a。

(6) 地下水灌溉损失量(W_6)

灌溉面积受采动影响而减少,依据面积计算该项约减小为 5.8×10^7 m³/a。

(7) 地下水采矿涌水量(W_7)

该地区煤炭开采必然导致矿井涌水。依据榆树湾煤矿的开采实践,每开采 1 km² 的煤炭,矿井涌水量约为 280 m³/h,开采面积以 700 km² 计算,矿井涌水量约为 1.717×10^9 m³/a。

(8) 第二阶段水均衡计算

如果矿井涌水量不算作地下水消耗量,将(1)至(6)项代入式(3-11),则地下水均衡状态为正均衡,均衡值为 2.87×10^8 m³/a。如果矿井涌水量算作地下水消耗量,将(1)至(7)项代入式(3-11),得到第二阶段地下水均衡状态为负均衡,均衡值为 -14.3×10^8 m³/a,即榆神一期、二期全部开采后研究区地下水将持续减少。其中,以榆神一期、二期每年开采 7 km² 计算,矿井涌水量每年增加约 1.7×10^7 m³,约开采 17 a 后水均衡区由正均衡状态转为负均衡状态。

3.3.2.4 地下水第三阶段水均衡分析

(1) 大气降水补给地下水量(W_1)

榆神三期、四期采动后由于水位在过渡段,按不变计算,因此榆神矿区一期、二期、三期、四期采动后,降水量基本不变,均衡区的降水补给量仍然为 1.35×10^9 m³/a。但降水入渗系数会有小幅增大(相较第一阶段),按 0.35 计算,则有大气降水补给地下水量 4.7×10^8 m³/a。

(2) 地下水侧向补给量(W_2)

依据前述分析,榆神三期、四期开采对侧向补给基本没有影响,因此榆神一期、二期、三期、四期开采后,地下水侧向补给量仍然为 2.6×10^7 m³/a。

(3) 地下水凝结水补给量(W_3)

榆神三期、四期开采后,包气带厚度变为原来的 0.3 倍,而一期、二期开采后包气带厚度变为原来的 1.8 倍。依据前述机理计算,第三阶段地下水凝结水补给量应为 2.0×10^8 m³/a。

(4) 地下水产流量(W_4)

榆神三期、四期开采后地表产流基本不发生变化,地下水产流量仍为 8.8×10^7 m³/a。

(5) 地下水蒸发量(W_5)

依据式(3-12),水位埋深从 3 m 上升到 1 m,可以估算出榆神一期、二期、三期、四期开采后,地下水蒸发量约为 9.3×10^8 m³/a。

(6)地下水灌溉损失量(W_6)

榆神三期、四期开采后地下水灌溉损失量基本不变,该项仍约为 5.8×10^7 m³/a。

(7)地下水采矿涌水量(W_7)

榆神三期、四期煤炭开采对松散砂层潜水的影响十分有限,该项仍约为 1.717×10^9 m³/a。

(8)第三阶段水均衡计算

如果矿井涌水量不算作地下水消耗量,将(1)至(6)项代入式(3-11),则地下水均衡状态为负均衡,均衡值为 -3.8×10^8 m³/a。如果矿井涌水量算作地下水消耗量,则均衡值约为 -2.1×10^9 m³/a,即榆神一期、二期、三期、四期全部开采后研究区地下水将持续减少。其中,以榆神一期、二期每年开采 7 km²,三期、四期每年开采 10 km² 计算,研究区矿井涌水量每年增加约 1.7×10^7 m³,地下水每年蒸发量增加约 2.0×10^6 m³,开采约 12 a 后水均衡区由正均衡状态转为负均衡状态。

3.3.2.5 采动地下水均衡分析总结

将 3 个阶段的地下水均衡分析结果汇总(见表 3-10),可以看出煤炭没有开采之前该区域地下水资源处于微弱的正均衡状态。榆神一期、二期全部开采完毕对地下水的影响最大,出现负均衡状态,当然这一状态是以进入矿井的水资源不计入地下水资源为前提的,反之若矿井水资源化,则这一阶段处于正均衡,且均衡值较第一阶段更大,为 2.87×10^8 m³/a,即煤炭开采会使得区域总地下水量变大。当榆神矿区一至四期全部开采时,地下水处于负均衡状态,均衡值为 -2.1×10^9 m³/a,但研究区三期、四期开采比一期、二期开采对地下水的影响小。

表 3-10　研究区水均衡分析结果汇总　　　　　　　单位:$\times10^8$ m³/a

水均衡阶段	W_1	W_2	W_3	W_4	W_5	W_6	W_7	$\Delta W'$ (不计算 W_7)	ΔW
第一阶段 (未开采)	4.1	0.26	2.1	1.0	3.5	0.7	0	1.26	1.26
第二阶段 (一期、二期全部开采)	4.7	0.26	2.57	0.88	3.2	0.58	17.17	2.87	-14.3
第三阶段 (一期至四期全部开采)	4.7	0.26	2.0	0.88	9.3	0.58	17.17	-3.8	-21.0

3.4　评价技术与实践总结

通过前述对各种评价技术的实践和研究,有以下的总结内容:

(1)煤炭开采对水资源的影响评价,主要评价采动裂隙场、位移场、应力场、渗流场及其他场的变化。传统的评价技术抓住了采动影响的主要矛盾,即采动裂隙场作为煤炭开采对水资源的主要影响因子。但通过大量研究发现,其他各影响因子也是不可以忽略的。因此,评价的主要研究方向为多因素综合影响的评价技术。

（2）裂隙场、应力场、应变场和渗流场的联合物理模拟评价是常见的手段之一，但通过分析认为现有的固液耦合相似模拟技术多是部分耦合的，这主要受控于固相和液相的相似准则存在差异（即时间不同步）。

（3）数值模拟的软件丰富多样，但均有较强的专业性。对采动裂隙场、应力场、应变场的模拟，主要采用岩土数值模拟软件来实现，如 FLAC、UDEC、RFPA 等。但这些软件难以模拟有一定水文边界条件的孔隙渗流。Fellow、Modflow 等软件则主要用于模拟渗流过程，但对采矿扰动进行量化存在问题。本书介绍的多软件联合模拟技术突破了以往数值模拟的局限性，有较好的应用前景。

（4）由于影响因素较多，基于 GIS 等的多源地学信息分析系统有较好的应用空间，国内外对该方面的研究也日益丰富。但煤炭开采对水资源的影响机制尚存在进一步的研究空间，地质信息数量充足（需要所有采煤工作面完成工程应用级的探查）才能准确评价。因此，该技术目前只能处于探索阶段。

4 煤炭开采水资源保护技术与实践

通过大量的评价分析可知,在研究区范围内,煤炭开采对水资源的影响是巨大的。因此需要采取相应的保护技术,使得煤-水协调开采。

4.1 保护层留设技术与实践

大量研究结果认为,煤炭开采主要通过裂隙场对水资源扰动,导水裂缝带以上保留多少厚度的保护层可以保护上覆水资源是问题的关键。

4.1.1 工程实践概况

(1) 矿井涌水量有所增加

2005 年以前,中能煤田榆阳煤矿以房柱式开采为主,年产量约 0.15 Mt,矿井涌水量较小,2005 年以后先后两次扩大产能至年产量 3 Mt,开采的方式也逐步转变为长壁综采。伴随着年产量的大幅提高,矿井涌水量有着显著的增加(见图 4-1)。

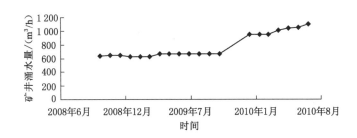

图 4-1 矿井涌水量

(2) 松散层潜水位有所波动

通过钻孔和民井水位观测可知,虽然煤炭开采后松散层潜水位有一定的波动,但在 1 a 后有明显的恢复,对生态的影响不大。

(3) 导水裂缝带发育规律实测

通过在钻孔钻进过程中实施简易水文观测,有以下几点认识:

① 研究区导水裂缝带发育高度规律符合区域规律,导水裂缝带高度为煤炭开采厚度的 24～28 倍,其分布如图 4-2 所示。

② 导水裂缝带之上赋存有隔水岩土层,且其厚度较大,最大厚度甚至超过 100 m。

③ 矿井的主要充水水源是基岩含水层,松散砂层为间接充水含水层,这得到了矿井涌水水质测试结果的佐证。

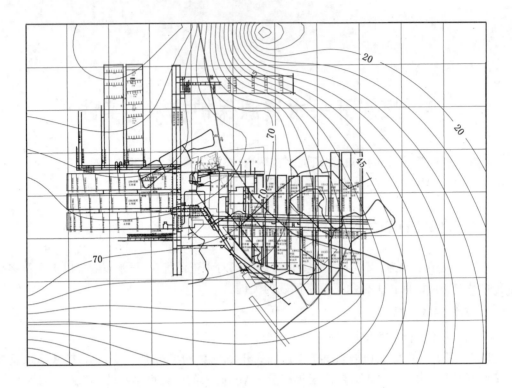

图 4-2　导水裂缝带高度分布图(单位:m)

(4) 保护层留设结果分析

该矿煤炭开采后,有效隔水岩土层厚度较大,对生态潜水能够起到较好的保护作用。通过大规模地面调查可知,生态环境无明显退化(仅少量乔木有退化现象)。但潜水位有明显的波动,需要在水位波动期加强水资源管理。

4.1.2　保护层留设原理

(1) 保护层留设产生的越流

在导水裂缝带之上有具较好隔水性的岩土层,但是生态潜水仍然有一定的漏失,这主要是由于下伏基岩含水层被疏放后产生了水头差,进而产生了越流现象。

导水裂缝带与地表裂隙带之间的岩石没有发生破坏,但受到不同程度的卸载作用,发生了如图 4-3 所示的渗透性的增高,并在其上下的水压下形成了如图 4-4 所示的越流。

(2) 采动整体下沉产生的水位波动

当越流量产生的潜水降深在生态适生水位范围内时,保护层的留设是合理的。但生态水位还受到采动整体下沉的影响,整体下沉会导致地下潜水排泄情况的改变。当排泄减少或者停止时,原有的流域生态环境必然发生破坏,这是局部乔木退化的原因。这一动态变化过程会随着水位的恢复而停止。因此,在该波动过程(经研究约为 1 a)中需要加强对水资源的管理来保障生态环境。

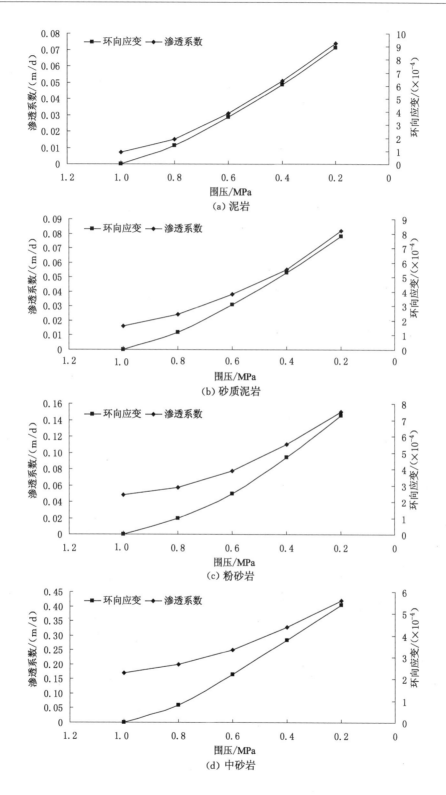

图 4-3 岩样渗透系数、环向应变与围压关系曲线

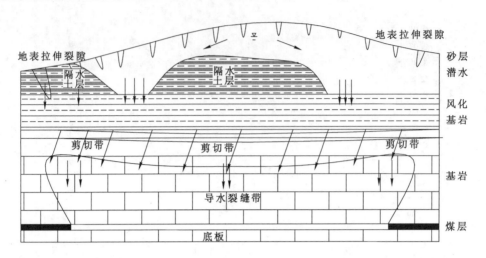

图 4-4　矿井涌水通道示意图

4.2　保护煤柱留设技术与实践

前面已经述及研究区生态环境最好的区域在泉水排泄及河流流经的区域。这些区域需要合理留设煤岩柱,来保护珍贵水资源及生态环境。这里主要论述两类保护煤柱(即重要水体和火烧岩保护煤柱)的留设。

4.2.1　重要水体保护煤柱的留设

4.2.1.1　研究区概况

研究区工程概况图如图 4-5 和图 4-6 所示。为了在尽可能多地开采煤炭资源的同时保护珍贵的地表水资源(水库),须对相应的保护煤柱留设技术进行研究。

图 4-5　张家峁水库周边地形地貌(卫星图片)

图 4-6　常家沟水库周边地貌(现场照片)

4.2.1.2　研究方法概况

(1) 水文地质条件分析

经分析,与水库有重要联系的含水层有松散含水层和火烧岩含水层。其中松散含水层是水库的主要补给水源,而在水库水位上升时,水库水也会补给松散含水层。另外,火烧岩含水层较为复杂,需要对其开展补充勘探。

(2)本次地质条件探查结果

研究区各主要煤层都有大面积的火烧区,但其边界控制不准确(见图4-7)。因此,对研究区 4^{-2} 煤火烧区边界重新进行了修正(见图4-8)[31]。

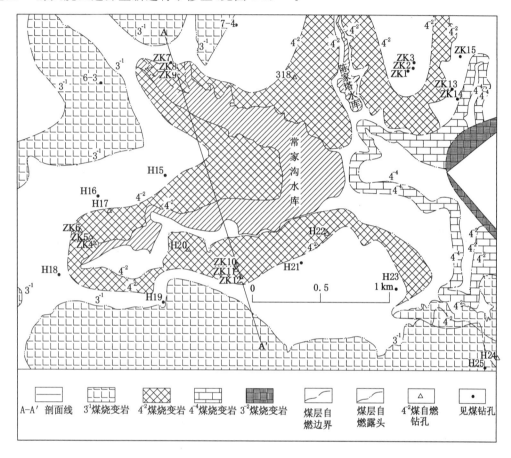

图4-7　研究区烧变岩分布示意图

依据各钻孔的抽水试验结果和简易水文观测结果,可以得到 4^{-2} 煤层烧变岩的富水性达到弱富水(见图4-9)。 4^{-4} 煤层烧变岩分布面积有限,出露位置较高,富水性弱(见图4-9)。 5^{-2} 煤层烧变岩主要位于研究区东部。由于其位于黄土梁峁丘陵区,多面悬空,多呈疏干状态,故大多不含水。如在先期开采地段外围施工的井筒检查孔主检2号孔,对 5^{-2} 煤层烧变岩含水层进行了抽水试验,结果表明梁峁烧变岩不含水。但位于常家沟两侧附近的 5^{-2} 煤层烧变岩,局部可能有松散含水层水补给而富水性中等(见图4-9),如15203工作面回采巷道遇 5^{-2} 煤层烧变岩,涌水量达130 m^3/h 。

综合以上分析,烧变岩的富水性差异大,主要受补给条件、隔水底板发育程度及地貌形态控制。因此,位于乌兰不拉沟北侧局部地区的烧变岩富水性极强;位于风沙滩地区的烧变岩富水性一般中等,但在萨拉乌苏组分布地区,烧变岩富水性强;位于黄土梁峁丘陵区的烧变岩,多被疏干,富水性弱甚至不含水。

烧变岩与水库水力联系分析:在常家沟水库西侧及北侧,大部地段 4^{-2} 煤层自燃后形成

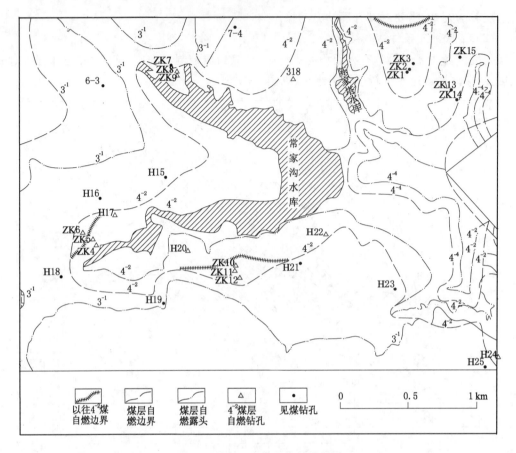

图 4-8　研究区火烧区边界对照图

的烧变岩,裂隙空洞较发育,出露地段常形成陡坡、陡崖或被松散砂层所覆盖,底部埋没于水库之中,尤其是位于常家沟水库西北侧的 4^{-2} 煤层底板标高均低于水库水面标高。烧变岩含水层与常家沟水库水位空间位置关系见图 4-10 和图 4-11。如 ZK8 钻孔揭露的 4^{-2} 煤层烧变岩底板标高 1 127.36 m,比当时常家沟水库水位(1 131.53 m)低 4.17 m,烧变岩含水层静止水位标高 1 133.11 m,比当时常家沟水库水位(1 131.53 m)高 1.58 m,原因是该区北部分布有大面积的第四系松散砂层,地势相对平坦,在雨季大气降水入渗、地下水径流等补给了烧变岩,施工期间雨季刚过,地下水位有所抬升,形成了一定的补径排关系。常家沟水库南岸分布的 4^{-2} 煤烧变岩属于透水不含水区。从图 4-11 可以看出,目前水库水位低于烧变岩底板标高,水库水不会补给 4^{-2} 煤烧变岩。但水库最高洪水位高于烧变岩底板标高,如近期遇到较高洪水位时,该区烧变岩又将重新富水,采煤时如与烧变岩沟通会引起库水倒灌,应引起高度重视[32]。

(3) 采动影响研究

① 导水裂缝带

采用物理模拟、数值模拟、关键层分析及现场实测等多种手段进行综合研究,得到了研究区的导水裂缝带发育规律。

② 采动岩层移动

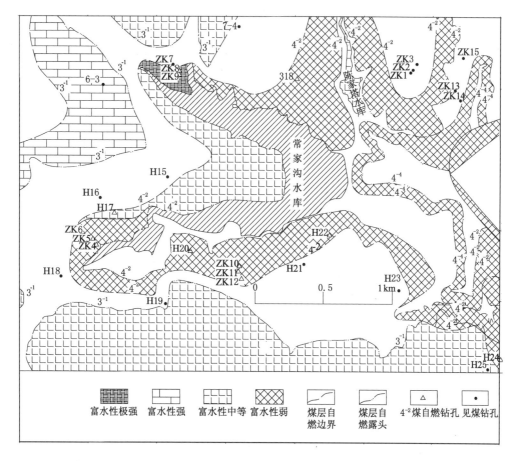

图 4-9 烧变岩富水性分区

图 4-10 常家沟水库北侧烧变岩

采用现场实测手段对沉降量、移动角和裂隙角等进行了观测,得到了研究区煤炭开采岩层移动规律。

（4）煤柱留设研究

煤柱留设受两个方面的制约:一个是采动影响;另一个是采动导致的反向渗流。因此,从两个方面分别进行研究,取最大值为研究成果。

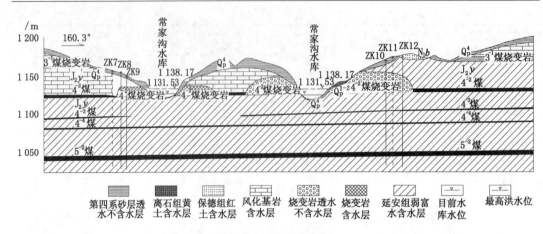

图 4-11 水文地质剖面

4.2.1.3 研究结果分析

（1）导水裂缝带发育规律

通过统计邻近矿区生产工作面导水裂缝带高度实测数据、相似模型实验所得数据结合本次研究过程中获得的物理模拟、数值模拟、实测、石油测井曲线等成果，获得共计 38 组数据（见表 4-1），并进行拟合。

表 4-1　各矿导水裂缝带高度数据

实测数据									
土层厚度/m	100	0	0.8	0	0	5	100	100	8	0
基岩厚度/m	140	180	206	117	70	160	119.6	122.5	85	281.15
采厚/m	5.0	3.5	3.5	2.47	2.2	4.38	4.4	4.4	4.4	3.0
导水裂缝带高度/m	135.4	84.8	96.3	62.89	63.2	89.5	140.5	153.95	110.11	136.0
裂采比	27.08	24.23	27.51	25.46	28.6	20.43	31.93	34.98	24.9	45.3

实测数据									
土层厚度/m	20	10	68.4	98.86	91.03	21.92	58.89	98.86	91.03	0
基岩厚度/m	150	66	53	82.44	93.08	101.4	100.6	82.44	93.08	117
采厚/m	5.5	3.5	3.3	4.8	4.8	5.2	5.2	4.8	4.8	2.04
导水裂缝带高度/m	135	75	70	149.28	149.68	≥160.3	≥159.5	151.3	135.4	35.74
裂采比	24.55	21.4	23.33	31.2	31.2	≥30.82	≥30.67	31.52	28.21	17.52

实测数据				模拟试验数据					
土层厚度/m	0	58.89	21.9	61.8	3	8	80	20	5	16
基岩厚度/m	85.3	100.6	101.4	90.96	180	85	206	150	122.5	99.1
采厚/m	2.2	5.2	5.2	4.3	3.5	4.0	4.0	6.0	4.4	6.0
导水裂缝带高度/m	42	≥159.5	160.3	137.71	86	≥94	83	130.8	113	≥125
裂采比	19.1	≥30.67	30.82	32.02	24.57	≥23.5	20.75	21.8	25.68	≥20.83

表 4-1(续)

模拟试验数据								
土层厚度/m	7.9	10	6	100	68.4	102.6	48.16	128
基岩厚度/m	140	70	100.5	120	53	117.3	96.12	54
采厚/m	3.5	4.0	3.5	5.0	3.3	5.0	5.6	4.0
导水裂缝带高度/m	89	≥98	90	90	70	153	≥145	108
裂采比	25.43	≥24.5	25.71	18	21.21	30.6	≥25.9	27

导水裂缝带高度与采厚关系线性拟合公式为:

$$H = 27.69M - 4.022 \tag{4-1}$$

式中　H——导水裂缝带高度,m;

　　　M——采厚,m。

由图 4-12 和图 4-13 可以看出,导水裂缝带高度与采厚关系的规律如下:

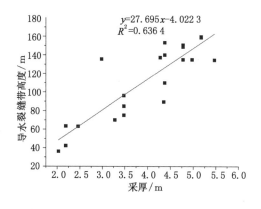

图 4-12　采厚与导水裂缝带高度的线性关系

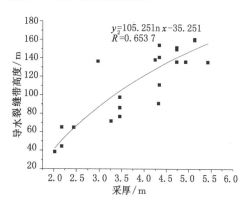

图 4-13　采厚与导水裂缝带高度的对数关系

① 导水裂缝带高度比采厚的 27.69 倍略小,其中煤层采厚在 2～6 m 范围内趋势一致(相关系数较大),说明该关系适用在综采范围内。这与国内现有的认识(陕北地区导水裂缝带高度为采厚的 25～35 倍)是相一致的。

② 另外,由图 4-13 可见随着采厚的增加,导水裂缝带发育到一定高度后趋于平稳。

此处考虑导水裂缝带发育在基岩内和导穿基岩进入土层,对导水裂缝带高度与基岩厚度的差值和黄土厚度的关系进行拟合。

首先对土层厚度数据进行处理,将土层厚度分段,20 m 为 1 段,则该组数据分为 7 段,形成在时间序列上连续的 7 组数据。

其次,选择指数平滑法对这 7 组数据变量作趋势分析,得出:随着土层厚度增加导水裂缝带高度与基岩厚度的差值呈现增加—平缓—下降的趋势。其中,在第 1 段序列即 0～20 m 土层厚度范围内,导水裂缝带高度与基岩厚度之差增加;在 20～100 m 土层厚度范围内,即第 2、3、4、5 段序列,导水裂缝带高度与基岩厚度之差趋于平缓,通过 Logistic 分析表明该组数据拐点出现在第 2 段序列,即 20～40 m 土层厚度范围;在 100～140 m 土层厚度范围内,即第 6、7 段序列,导水裂缝带高度与基岩厚度之差呈下降趋势。

图 4-14 中分为 4 个区块,分界线为导水裂缝带高度与基岩厚度差值的 0 线、土层厚度 20～40 m 线。其中 0 线以下的基岩厚度较大,厚度小于 20 m 的土层为较薄土层,反之亦然。

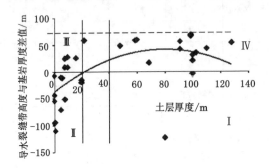

图 4-14　导水裂缝带高度与基岩厚度的差值和土层厚度的关系

① 基岩厚、土层厚区域(Ⅰ)。该区域只有 2 个孤立的点,说明这种情况在研究区很少见,且导水裂缝带发育高度有限,不会导穿基岩。

② 基岩厚、土层薄区域(Ⅱ)。该区域基岩较厚,随着土层厚度的增加导水裂缝带高度快速增大,说明此时关键层尚未破断,土层作为载荷存在,土层越厚,导水裂缝带高度越大。

③ 基岩薄、土层薄区域(Ⅲ)。该区域基岩薄,导水裂缝带导穿基岩,关键层破断。随着土层厚度的增加,导水裂缝带高度快速增大,说明土层仍然作为载荷层存在。但相对区域Ⅱ,导水裂缝带高度增大速率下降,说明土层较基岩有抑制导水裂缝带发育的作用。

④ 基岩薄、土层厚区域(Ⅳ)。该区域基岩薄,导水裂缝带导穿基岩,关键层破断。随着土层厚度的增加,导水裂缝带高度基本不变,显示出导水裂缝带被土层抑制发育的作用。其中,由图 4-14 可以看出,当土层厚度大于 70 m 时,导水裂缝带不能导穿土层。说明当有巨厚的土层存在时,导水裂缝带不会直接沟通土层上覆水体。由拟合的趋势线可以看出:以土层厚度 70 m 为界限,当土层厚度小于 70 m 时导水裂缝带高度随着土层厚度增加而增大,与土层厚度大于 70 m 时导水裂缝带高度随着土层厚度增加而减小。

综上可见,导水裂缝带高度首先受基岩厚度控制,基岩较厚时土层主要起载荷作用,基岩较薄时土层同时表现出载荷和抑制作用。

应用多元回归分析方法预测导水裂缝带高度。导水裂缝带高度与各因素之间的相关性通过 SPSS 软件来分析。该软件提供了从简单的统计描述到复杂的多因素统计分析方法。分析导水裂缝带高度与各单因素之间的相关关系时,考虑在其他影响因素相近的情况下,选取具有代表性的数据,找出相关系数最大的多元回归模型。

$$y = 24.73x_1 + 0.135x_2 + 0.149x_3 + 1.946 \tag{4-2}$$

式中　y——导水裂缝带高度,m;

　　　x_1——采厚,m;

　　　x_2——土层厚度,m;

　　　x_3——导水裂缝带高度与基岩厚度之差,m。

由式(4-2)可以看出:

① 采厚的系数最大,说明导水裂缝带高度主要受采厚影响,采厚越大导水裂缝带高度越大。

② 土层比基岩对导水裂缝带高度的贡献略小,两者均主要表现为载荷作用。

③ 常数项较小,说明导水裂缝带高度的变化范围较大,不同采矿、地质条件下导水裂缝带高度有一定差异。

另外,依据单因素分析得到的结果可以看出,当基岩和土层厚度不一样时,其对导水裂缝带高度的贡献是有差异的,因此按照前述分区分别进行多因素拟合分析。

Ⅰ区域,研究区该类地质条件较少,无统计意义。

Ⅱ区域,土层厚度小于 20 m 时,导水裂缝带未穿透基岩情况下:

$$y = 18.68x_1 + 0.356x_2 + 0.058x_3 + 10.714 \tag{4-3}$$

式中　y——导水裂缝带高度,m;

　　　x_1——采厚,m;

　　　x_2——土层厚度,m;

　　　x_3——基岩厚度,m。

由式(4-3)可以看出,厚基岩、薄土层时有以下几点特征:

① 采厚仍然是主要影响因素,采厚越大,导水裂缝带高度越大。

② 土层相对基岩的贡献要大很多,土层的载荷作用不可忽略。

③ 常数项较大,说明导水裂缝带高度的变化范围略小,且都大于 10.714 m。

Ⅲ区域,导水裂缝带穿透基岩到达土层,土层厚度小于 20 m 的情况下:

$$y = -6.654x_1 + 2.99x_2 + 1.378x_3 - 12.357 \tag{4-4}$$

式中　y——导水裂缝带高度,m;

　　　x_1——采厚,m;

　　　x_2——土层厚度,m;

　　　x_3——基岩厚度,m。

由式(4-4)可以看出,薄基岩、薄土层时有以下几点特征:

① 采厚对导水裂缝带高度的贡献表现为负贡献,即采厚越大,导水裂缝带高度越小。从该区域的原始数据可看出,该区域导水裂缝带已经导通到地表,因此获得的导水裂缝带高度观测值偏小。采厚越大,导水裂缝带高度误差越大,即观测值主要跟埋深有关。

② 该类情况下土层的贡献比基岩明显要大,且都是正贡献,这是由于导水裂缝带已贯通至地表,土层和基岩厚度越大,导水裂缝带高度越大。

③ 常数项为负数,而导水裂缝带高度为正数,说明导水裂缝带高度的变化范围很大。

Ⅳ区域,导水裂缝带穿透基岩到达土层,土层厚度大于 40 m 的情况下:

$$y = 32.7x_1 + 0.292x_2 + 0.428x_3 - 78.995 \tag{4-5}$$

式中　y——导水裂缝带高度,m;

　　　x_1——采厚,m;

　　　x_2——土层厚度,m;

　　　x_3——基岩厚度,m。

由式(4-5)可以看出,薄基岩、厚土层时有以下几点特征:

① 在该类情况下,导水裂缝带多发育至土层内,未贯通至地表的情况较多,因此采厚对

导水裂缝带高度的贡献较大。

② 在该类情况下，土层同时表现出载荷和抑制作用，因此其对导水裂缝带高度的贡献较基岩的低。

③ 常数项为负数，而导水裂缝带高度为正数，说明导水裂缝带高度的变化范围很大。

（2）岩层移动规律

地表移动观测显示，地表移动启动距 60 m、超前影响角 57.9°、最大下沉角 84°、走向边界角 65°、倾向边界角 57.8°、充分采动角约 62°、走向最大下沉值 4 859 mm、倾向最大下沉值 3 861 mm。

（3）煤柱留设结果

由于开采条件、地质条件和煤层条件均有较大差异，因此水库四周留设的煤柱厚度均不一样。以水库西侧 5^{-2} 煤为例，需要留设 75 m 煤柱。在合理留设煤柱后，水库没有受到采煤影响，生态环境没有发生显著变化。

4.2.2 火烧岩保护煤柱的留设

4.2.2.1 问题的提出

陕北侏罗纪煤田由于埋藏浅，煤层多有发生自燃，自燃后形成了火烧岩。虽然通过各个阶段的钻孔、物探等手段初步掌握了火烧岩边界，但与实际生产过程中初步圈定的边界有一定的出入，这导致火烧岩的水进入地下采掘空间，造成水资源流失并危及矿井安全。即便是火烧岩内不富水，也会导致工作面无效布置等问题。

4.2.2.2 煤柱留设技术

这类煤柱留设技术主要是基于测井数据，采用趋势分析的方法对火烧岩的边界进行进一步的修正。相应的煤柱留设技术由以下几个步骤构成：

① 通过钻探手段，获取火烧岩周边的煤样，并在钻孔中开展测井工作。

② 根据钻探结果，初步圈定火烧岩边界。

③ 在上述基础上，进一步进行磁法勘探。通过磁法勘探进一步修正火烧岩边界，修正区域主要为钻孔控制不良区域。

④ 在井下补充水平钻孔，并取样进行测试。

⑤ 采用统计学方法，以煤样测井数据和发火数据为自变量，以距揭煤钻孔距离为因变量，建立数学模型。

⑥ 采用数学模型对火烧岩边界进行最后一次修正。

⑦ 结合相关标准规范，在修订的火烧岩边界外留设煤柱。

4.2.2.3 工程实践结果分析

采用图 4-15 所示的步骤，进行了图 4-16 所示的工程

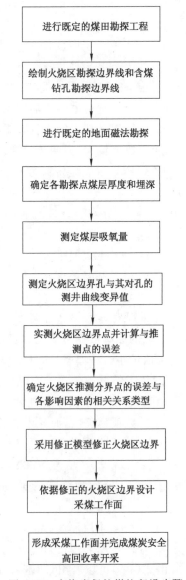

图 4-15　火烧岩保护煤柱留设步骤

实践,其主要结果及分析如下:

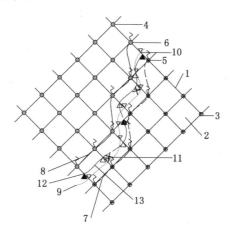

1—勘探线;2—勘探网格;3—被火烧的钻孔;4—未被火烧的钻孔;5—火烧边界孔;

6—火烧边界对孔;7—火烧区勘探边界;8—含煤孔勘探边界;9—火烧区推测边界;

10—火烧区推测分界点;11—修正的火烧区推测分界点;12—火烧区实测分界点;13—修正的火烧区边界。

图 4-16　火烧岩保护煤柱留设示意图

① 有效减少了煤炭呆滞储量。

② 减少了巷探工作量,同时有效减少了矿井水害的发生。

③ 减少了水资源的漏失,保持了良好的生态环境。

4.3　过沟开采技术与实践

相对大流量的河流,小流量的沟流常常威胁浅埋深的煤层开采。这些区域的过沟开采技术遂成为研究的对象。

4.3.1　工程概况

本次研究的区域为神南矿区敖包沟,该沟以西以风沙滩地貌为主,以东属黄土梁峁地貌,属于典型的基流量较小的沟道(见图 4-17)。该沟道流量在旱季时较小,在雨季时较大,为 $0.016\sim0.027$ m³/s。大量的实测数据显示,煤炭开采产生的裂隙场必然沟通现有的沟道,而若留设煤柱则会造成大量的煤炭资源的浪费。因此需要在开采煤炭资源的同时保护地表沟道。

4.3.2　主要技术

一方面,通过预测工作面涌水量,在井下合理设置矿井排水系统。另一方面,对地表沟流进行控制和修复,相应的方法较多,这里根据实践主要采取以下措施[32-34]:

(1) 管路疏导水

由于沟道的流量十分有限,一般采用 PVC 管将沟道基流量疏导通过采煤塌陷区(见图 4-18)。这样一方面可以有效减少蒸发,另一方面可减少塌陷区由于地形地貌的变化对沟道流水的汇集。

(2) 地裂缝充填

图 4-17　研究区沟道　　　　　　　　图 4-18　管路疏导水示意图

采煤地裂缝会导致地下水通过地表径流直接灌入井下,特别是浅埋煤层的开采造成大量的地裂缝对地表水有更强的汇集作用。因此,需要对地裂缝进行充填。一般采用黏土或黏性土进行充填,充填厚度一般在 2 m 以上。地裂缝充填后可能面临洪水冲刷的问题,因此需要压实并做抗冲刷处理(如图 4-19 所示实施土工栅格)。

(a)　　　　　　　　　　　　　　　(b)

图 4-19　土工栅格技术应用

4.3.3　实施效果分析

采用相应的措施后,在研究区进行了采煤工作面的回采。通过煤炭开采和雨季观测有以下几点结果:

①　煤炭开采后,工作面涌水量较预测值有较大的差异,这与工作面回采的时间有关,另外也与实际降水量相对较大有关。

②　采用管路疏导沟道水较为有效,特别是在上游筑坝(见图 4-20)后采用波纹管疏导,有效保留了沟道基流量,为生态保持和生活用水提供了保障。

③　对地裂缝进行了大量的修复。修复后地表较为平整,沟道洪水通过较为顺畅,但通过时矿井涌水量有所增加,说明沟道洪水会下渗进入矿井,但未造成水害。

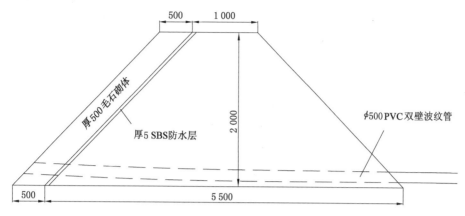

图 4-20 拦水坝设计断面图

4.4 注浆加固技术与实践

煤炭开采不仅会影响顶板水资源,还会影响底板等其他水资源。底板承压水会受煤炭开采影响,需要对底板含水层与煤层之间的地层进行注浆加固。相比较传统的注浆加固技术,本书有以下的创新和应用。

4.4.1 注浆材料

我国煤层底板注浆材料主要有三种:一种是黏性土浆液;另一种是水泥浆液;还有一种是化学浆液。其中,普遍使用的主要是前两种浆液,化学浆液仅在特殊条件下使用。

4.4.1.1 基础注浆材料

(1)黄土材料

黄土作为全世界范围干旱中纬度地带常见的土体,是我国西北地区普遍分布的黏性土。该类土富含碳酸盐,天然状态下孔隙、垂向裂隙发育。按照形成时间由老到新,西北地区黄土可以分为:保德组红土、静乐组红土、午城组黄土、离石组黄土、马兰组黄土,具体如表 4-2 所示。

表 4-2 西北地区不同时代的黄土

时　代		名　称	
第四纪	全新世	马兰组黄土 2	新黄土
	更新世	马兰组黄土 1	
		离石组黄土 2	
		离石组黄土 1	老黄土
		午城组黄土	
新近纪	上新世	静乐组红土	
	中新世	保德组红土	

经野外观测、室内实测,渭北石炭二叠纪煤田注浆使用的黄土为离石组黄土,如图 4-21

所示。渭北石炭二叠纪煤田离石组黄土广泛分布于各个矿区,物源丰富。相比较,新近纪粉砂质黏土虽然黏性较离石组黄土好,但仅分布在底板水害不显著的蒲白和铜川矿区,不宜大规模推广应用。

图 4-21　离石组黄土

该层黄土在陕西省境内多有分布。依据以往研究,其黏粒含量由西北向东南逐渐变大。渭北石炭二叠纪煤田刚好处于黄土高原东南地区,其黄土黏粒含量相对丰富,是注浆的好原料。离石组黄土在天然状态下以粉粒为主,蒙脱石、伊利石矿物含量高,且广泛分布、易获取,因此可作为注浆的基础材料。为提高其注浆防渗和加固性能,需要去除砂粒成分,增加黏粒成分。

（2）水泥材料

水泥是黄土-水泥混合浆液中仅次于黄土的干料成分,一般能占浆液干料的 15％～50％。水泥的凝结时间、早期强度、后期强度直接影响底板注浆的效果。目前,对水泥相关性能的控制主要通过常规添加剂实现。各类添加剂的应用使得水泥注浆成本显著提高,且对环境有一定的影响,因此需要研发廉价的、环境友好的水泥添加剂。

（3）液体材料

水是配制黄土-水泥混合浆液的主要液体,一般占浆液重量的 50％左右。在制浆过程中,多选用附近地下含水层中的地下水。

4.4.1.2　改性注浆材料

以上基础注浆材料价格低廉、易获取且效果良好,但随着底板水害防治条件的进一步复杂化,需要对基础材料进行改性。改性材料同样应满足价格低廉、易获取、环境友好且效果良好的特征。为此,选取“工业三废”、天然矿物等为主要改性材料。

（1）工业三废材料

以煤炭开采和利用为主的产业链,往往伴随着产生一系列的工业三废。选取粉煤灰（固体废弃物）、矿井水（液体废弃物）和固硫灰（脱除废弃气体的废弃产物）等工业三废材料作为基础注浆材料的改性剂。

粉煤灰主要取自韩城矿区,等级经测定为Ⅱ级（见图 4-22）。粉煤灰中含有玻璃体,能降低浆液材料的屈服应力,改善浆液连续性,提高其流动性。

矿井水主要选用高矿化度矿井水,即第三类矿井水,其特征为溶解性固体含量大于

图 4-22　韩城矿区粉煤灰

1 000 mg/L,并含有大量悬浮物等。澄合矿区和韩城矿区奥灰水溶解性固体含量大于 1 000 mg/L,底板注浆也主要在这些区域。对矿井水进行一定的浓缩后用于浆液改性,有进一步的优化效果。

固硫灰源自韩城电厂,其主要化学成分有氧化硫、氧化钙、二氧化硅和活性三氧化二铝 (见表 4-3)。其中,氧化钙对注浆改性有一定的作用,二氧化硅和三氧化二铝有一定的水硬性,对注浆改性有一定的作用,氧化硫则有一定的膨胀性,这对强度有一定的损失,但渗透性则表现出防渗特性。

表 4-3　固硫灰化学成分　　　　　　　　　　　　　　　单位:%

样号	SiO_2	Al_2O_3	CaO	SO_3	f-CaO	其他	烧失量
1	16.2	16.5	22.3	7.7	3.3	28.6	5.4
2	15.8	16.8	21.8	7.9	3.4	28.5	5.8

(2)天然矿物材料

选取膨润土作为改性材料配入注浆材料。

膨润土可分为钙基膨润土和钠基膨润土,其区别在于层间阳离子。层间阳离子为 Na^+ 时为钠基膨润土,层间阳离子为 Ca^{2+} 时为钙基膨润土。钙基膨润土膨胀性较钠基膨润土小,因此选用钠基膨润土。

(3)其他材料

改性底板注浆材料还需要添加其他化学或生物材料。本次主要使用生石灰、碳酸钠、海带粉、黄豆粉等。

生石灰是由碳酸钙在适当温度下煅烧,排除分解出的二氧化碳后,所得的以氧化钙为主要成分的产品。生石灰与水发生反应生成氢氧化钙,呈碱性。鉴于它的水硬性和碱性,生石灰可用于注浆改性中。

渭北石炭二叠纪煤田底板水中存在硫化氢气体,需要碱性注浆材料改性。为此,选取碳酸钠作为改性材料。

海带粉和黄豆粉为海带和黄豆干燥后磨成粉制作而成的,遇水有很强的膨胀性(能达上百倍),在水动力条件较为复杂的注浆环境中,适用改性注浆材料。

4.4.1.3 实践应用

注浆材料的合理选择取决于注浆效果的安全性、高效性、经济性。即注浆工程在某一特定的注浆条件下,选择适应的注浆材料在达到目的的同时,所花费的时间和费用最少。这里所指的注浆条件是注入层位的介质条件、水动力条件及其他特殊条件等。

对渭北石炭二叠纪煤田的韩城矿区、澄合矿区目前主要存在的注浆条件分析如下:

(1)常规岩溶裂隙含水层适用注浆材料

常规岩溶裂隙含水层主要为存在于澄合矿区 5# 煤底板中的 K_2 灰岩含水层。前已述及,该含水层由于层薄,在构造不甚发育的情况下,含水介质多为小的孔隙、裂隙,在一般情况下无大型岩溶裂隙发育。其水动力条件一般较差,钻孔涌水量小于 50 m^3/h。

由于裂隙发育较小、密度有限,且水动力条件较差,因此适用扩散范围大的黄土基注浆材料。应依据具体的采矿、地质条件(如随着矿井往深部延伸,水压增大、隔水层变薄、开采强度变大,改造后的地层应有更强的抗水压和抗渗透能力),选取合适的水土比,并使用浓缩矿井水改性。

(2)孔隙含水层适用注浆材料

孔隙含水层主要为存在于澄合矿区 5# 煤底板中的 K_2 石英砂岩含水层。前已述及,该含水层在上覆石英砂岩侵入和构造不甚发育的情况下,含水介质为孔隙,含水层层厚变大。其水动力条件一般,但普遍好于 K_2 灰岩含水层,且连通性、富水性较好。

目前,该条件工作面回采出水情况较多,说明普通的黄土注浆材料不能完全满足要求,需要掺入膨润土、固硫灰,并使用浓缩矿井水改性,以提高浆液整体的抗渗和抗压性能。

(3)构造含水体适用注浆材料

构造含水体主要为存在于多个矿区的多个含水层,在构造不甚发育的情况下,含水介质为大中型裂隙,不规则。其水动力条件好,且连通性、富水性较好。

目前,该类注浆条件注入水泥基注浆材料不易沉淀,因此多选用水泥基注浆材料,可依据具体情况采用浓缩矿井水改性,并掺入适量的粉煤灰。当水动力条件十分复杂时,需要投放骨料,如水泥凝块或海带粉、黄豆粉、木屑等。

(4)充填介质含水层适用注浆材料

韩城矿区 11# 煤防治底板奥灰水的注浆层位只有奥灰顶段,奥灰顶段的发育受奥灰岩性以及后期沉积演化影响显著,其含水层的介质复杂多变,有的几乎不透水,有的突水十分显著。韩城矿区 11# 煤底板奥灰顶段局部水动力条件显著,一般无水。

该含水层注浆条件复杂多变,因此注浆适用材料需依据钻孔揭露情况选择黄土基或水泥基注浆材料。

(5)特殊含水层适用注浆材料

澄合矿区 5# 煤底板 K_2 含水层局部存在硫化氢气体,该气体很小的量对人体和设备的危害就极大,因此该类条件下的注浆材料须另外选择。硫化氢气体存在的区域水动力条件不差。

该含水层的水由于有腐蚀性,因此注浆材料需要添加防腐蚀的成分,即黄土浆配固硫灰,可外加碳酸钠。另外,由于突水的存在(往往突水点比较破碎),对破碎带的注浆需要加止浆盖,止浆盖同样要求有防腐蚀性,即需要添加碳酸钠。而矿井水为弱碱性的,对硫化氢有中和作用,适宜这类条件下的注浆工程。

4.4.2 注浆技术

常规的底板注浆技术首先采用物探手段圈定富水区,然后采用常规钻孔进行注浆加固,加固的参数依据浆液扩散规律和经验选择,最后采用二次电法检验注浆加固效果。随着底板注浆技术的发展,物探圈定富水区的手段越来越丰富,注浆钻孔也由常规钻孔变化为定向钻孔,注浆参数选择亦日益精准,注浆效果检验方法也变得丰富。就相应的注浆新技术叙述如下:

4.4.2.1 注浆探测技术

在以往利用传统物探手段圈定富水区的基础上,采用单孔放水试验进一步对注浆钻孔进行分类,具体分类如图 4-23 所示。

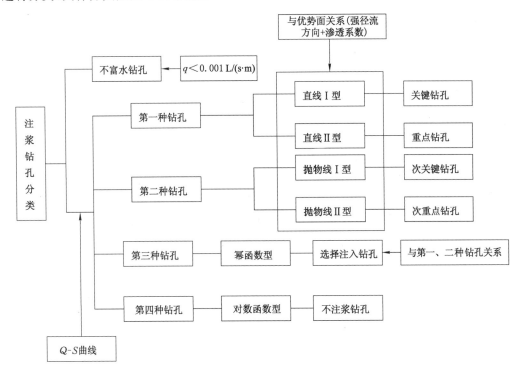

图 4-23　注浆钻孔分类示意图[27]

4.4.2.2 注浆参数

依据国内大量底板注浆层位选择的实际经验,可以得出注浆层位选择的基本原则有:

(1)注浆层位应在采动破坏范围外

煤炭的高强度开采必然会引起底板破坏,且煤层底板越坚硬其破坏深度越大。因此,若将注浆层位选择在底板破坏带以内,注浆加固后煤层开采会破坏加固层且会进一步往下发育,从而造成底板注浆加固失效。故注浆层位应在采动破坏范围外。

(2)注浆层位应有可注入性

浆液的扩散受地层的孔隙、裂隙和岩溶特性控制,当注浆层位选择在泥岩等孔隙率较小的地层中时浆液的可注入性较弱,对底板改造也失去了应有的意义。与之相比较,相对隔水层的破碎区、常规的含水层有较好的注入性,浆液注入后可将相对隔水层破碎区、含水层改造为有效隔水层,从而加大底板有效隔水层厚度,提高抗静水压力的能力,可有效防止突水事故的发生。另外,有些含水层虽然孔隙、裂隙和岩溶发育较好,但水动力条件较为复杂,浆液不能很好地固结,对这些层位的改造不能起到很好的作用,一般不会考虑作为注浆层位,比如奥灰的强径流带。

(3) 注浆层位的经济性

注浆层位有时有多个选择,注浆段厚度和钻探工程量此时起到关键作用。注浆的厚度越大、钻探工程量越大,注浆改造的成本就越高。因此从经济的角度出发,注浆层位最好选择在近煤层处,且注浆厚度也应依据安全评价的结果合理把握。

(4) 注浆层位改造后的安全性

注浆改造的最终目的是避免煤层回采时底板突水事故的发生,即注浆改造后底板有效隔水层能够抗静水压力,否则底板注浆失败。

综上,澄合矿区底板破坏深度以下至 K_2 灰岩(砂岩)范围可作为注浆改造层位;而韩城矿区由于顶板为坚硬岩石,底板破坏深度变大,下伏石炭系无连续可注入层位,且奥灰顶段(峰峰组一段)仅局部富水,可直接充分利用,当存在局部岩溶、裂隙时可对其进行注浆改造。

4.4.2.3　注浆效果检测

在传统的二次电法的基础上,新增了钻孔监测技术,具体如下:

钻孔中的水文试验也是检验注浆效果的一种手段,目前主要包括以下两种方法:一种方法是注浆前在注浆层位留设水文观测钻孔,注浆后若水位(水压)显著上升,则说明注浆效果较好,反之亦然;另外一种方法是注浆后在浆液扩散半径范围内进行钻孔压水试验,压水时若达到既定的标准则表明注浆效果良好,反之亦然。

但以上两种方法均存在一定的弊端。方法一注浆前留设的水文观测钻孔存在"串浆"的潜在问题,且水位上升到何种程度表示注浆效果满足要求也无法界定。方法二对水泥基浆液注浆效果检验较适宜,但对黄土基浆液注浆效果检验存在明显的问题。据《水利水电工程钻孔压水试验规程》(SL 31—2003)可知有一种压水试验结果曲线为冲蚀型曲线,而大量的实践证明黄土就是该种类型的典型代表(见图 4-24),因此对该类无固结的浆液进行压水试验容易发生冲蚀现象,会破坏原有注浆改造层段,使其无法保持隔水性。

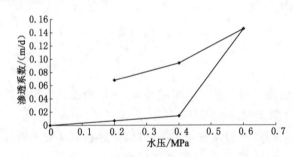

图 4-24　离石组黄土压水试验结果曲线

基于以上问题,对钻孔进行水文试验检验注浆效果,步骤如下:

① 在注浆完成后,依据浆液扩散半径和二次电法结果,选取适宜的检查孔的位置,选取

原则为二次电法异常区,且距离注浆钻孔距离不同。

② 若检查孔无水,则进行注水试验,具体参照《水利水电工程注水试验规程(附条文说明)》(SL 345—2007)中有关钻孔降水头注水试验开展,记录水头与时间关系曲线,并采用式(4-6)计算渗透系数:

$$K = \frac{0.052\ 3r^2}{A}\frac{\ln\dfrac{H_1}{H_2}}{t_2 - t_1} \tag{4-6}$$

式中,K 为渗透系数;A 为形状系数,从规程附录中选取;r 为套管内半径;t_1,t_2 为注水试验时间;H_1,H_2 为试验时间 t_1,t_2 时的试验水头。

③ 若检查孔有水且水量不易疏干,则利用单孔放水仪进行放水试验,设计 3 种放水量,记录 3 次水位降深并绘制 $Q\text{-}S$ 曲线。若 $Q\text{-}S$ 曲线为直线形或抛物线形则说明注浆效果不能满足条件,若是幂函数形或对数形则采用式(4-7)计算渗透系数:

$$K = \frac{Q_1}{2\pi SM}\ln\frac{R}{r} \tag{4-7}$$

式中,K 为渗透系数;Q_1 为稳定的最大放水量的一半;S 为对应的水位降深;M 为含水层厚度;R 为放水影响半径;r 为钻孔内径。

④ 依据表 2-31 所示的岩体渗透性的划分标准,结合步骤②、③所得的渗透系数来判断注浆效果,若 $K \geqslant 10^{-5}$ cm/s 则判断注浆效果不佳,若 10^{-5} cm/s $> K \geqslant 10^{-6}$ cm/s 则判断注浆效果良好,若 $K < 10^{-6}$ cm/s 则判断注浆效果最佳。

4.5　水质处理技术与实践

煤炭开采会引起地下水、地表水及包气带水进入采矿空间,而采矿空间有大量的污染源,因此矿井水因水质问题无法直接循环利用。这就需要对矿井水进行水质处理,常用的水质处理手段较为丰富,但水质处理后仍然有部分指标没有达到排放或者复用标准,这需要深度的净化处理。这里主要介绍采用湿地净化技术。

4.5.1　工程背景

研究区为陕西红柳林煤矿,该矿一方面水资源匮乏,另一方面矿井水丰富,需要对矿井水净化处理后循环利用。目前,外排矿井水经由矿区外的沙渠(部分由水泥管道)外排至矿区外约 300 m 的自然沟,并经约 500 m 径流汇入相距约 200 m 的上下两个自建小水库。

矿井水的两个主要来源:矿区生活污水和矿井废水。矿区产生的生活污水必须经过二级生化处理、MBR 系统处理后才能够在场区植物喷淋、城市路面洒水、选煤厂的选煤用水、建筑业工程用水等方面回用。矿井废水经絮凝沉淀、压力过滤、超滤处理后部分用于井下生产消尘、选煤厂补充用水,部分达标外排。相关人员于 2017 年对外排矿井水水质进行了调查。为掌握矿井水在处理后的水质,对 2018 年污水处理站的水质进行了检测,进水水质情况见表 4-4,出水水质可按照《地表水环境质量标准》(GB 3838—2002)的 Ⅱ 类标准执行,而且可以排入地表水系统,并且对环境无污染。

表 4-4 进水水质情况

参　数	值
pH	7.36
化学需氧量/(mg/L)	14.00
悬浮固体含量/(mg/L)	9.854 8
铵态氮含量/(mg/L)	0.905
浊度/NTU	6.52
5 天生化需氧量/(mg/L)	1.035

4.5.2　湿地净化技术

为达到净化水质的目的,采用湿地净化技术。该技术主要包括以下几个方面:第一,植被净化,主要通过植被对部分污染物的净化作用来完成。第二,物理吸附,通过底部铺设的强力吸附材料将污染物富集。第三,利用微生物分解污染物。此外,湿地净化技术还兼顾风景园林设计。

为此,需要对以下方面进行设计:

① 植物选择。结合当地的气象、生态及地质特征,选择以芦苇、香蒲、美人蕉、凤眼莲等为主要湿地植物。

② 以当地粗砾石为湿地底层填料垫层,以当地砾石为湿地填料层,并配以新型填料为填料辅层。

③ 人工湿地中要明确区分好氧环境和缺氧环境,以供硝化细菌和反硝化细菌的生长和繁殖,并合理利用污水中的碳源促使反硝化反应发生,这非常有利于促进人工湿地的脱氮作用。

④ 风景园林设计:根据当地的地形特点来设计生态湿地,强调舒适性、顺序性、连续性和参与性,以流线型的设计为主,部分地方再细化,从而让整个湿地公园大气、柔美。

如图 4-25 所示,最终设计有 4 级湿地,分别有厌氧和好氧湿地,最终达到净化水质的目的。

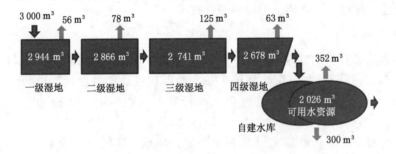

图 4-25　湿地净化设计

4.6　其他技术

除上述技术以外,还有其他煤-水协调开采技术,其中以地下水库建设与利用和特殊采煤技术为主。

4.6.1　地下水库建设技术

该理念最早源自黄土地区居民在旱季采用黄土地窖存储水,然后在雨季把水抽取使用。地下水库建设技术可充分利用采空区空间,联合防渗技术、水质净化技术等,来平衡水资源的时空不均质性。中国神华能源股份有限公司使用该技术,在神北矿区乃至周边地区大规模应用,已经在很大程度上解决了矿区缺水的问题。

4.6.2　特殊采煤技术

煤炭开采是造成水资源漏失的主要原因,减损开采是保护水资源的一条重要途径。减损的方法有很多,其中目前研究的热点主要集中在充填开采、条带开采及限高开采等。但这些开采方法在很大程度上影响煤炭的高效开采,且开采成本也大大提高。因此,该技术目前仅限高开采有成功应用的案例,其他开采技术仅在特定条件下有一定的研究成果。

4.7　保水采煤技术与实践总结

煤炭开采的水资源保护技术是绿色矿山建设标准中要求的生态脆弱矿区应采取的技术,该技术有很强的实践性和复杂性。实践性是指该技术必须经过实践检验。复杂性是目前的采矿、地质条件多变,保水采煤技术在实施过程中的参数选择不同造成的。

(1)保护层留设早在煤炭开采初期就被提出,但由于保水采煤的主要研究区在西北地区,采矿、地质条件存在差异,需要重新计算,无法照搬东部地区经验。基于西北地区采矿、地质条件,实践了保护层留设的方法,取得了阶段性的成功。

(2)在保安煤柱留设的基础上,考虑研究区水文地质和采矿工程地质条件,实践了新的保护煤柱留设方法,取得了阶段性的成功。

(3)过沟开采在水害防治领域是常见的技术,但应用到保水采煤领域,需要考虑对水资源的保护,因此针对地表水主要实践了管路疏排和地裂缝修复等技术。

(4)底板注浆加固技术也是水害防治领域常见的技术,但应用到保水采煤领域,增加了高矿化度矿井水减排及复用的内涵。

(5)煤炭开采不仅会造成水位下降,可利用水资源流失,还会造成水质污染。原有的水质处理技术成本高、处理不彻底。笔者所在研究团队主要实践了湿地净化技术,取得了良好的效果。

5 结论及展望

5.1 主要结论

本书以生态脆弱矿区为背景,介绍了煤-水协调开采的技术与实践,包括探查技术、评价技术和保护技术,以探查技术为先导,采用评价技术挖掘煤-水协调开采存在的问题,并针对性采取水资源保护技术,实现保水采煤。通过大量的工程实践,主要形成了以下几点认识:

(1)关于煤-水协调开采探查技术,面临的主要问题是:在保水采煤领域,探查要求更为精细(如缓慢的地下渗流也需要探查)、探查的对象更加丰富(如探查生态影响机制)、探查的问题更加复杂(如黄土泥浆护壁下对采动裂隙场的探查)。针对以上问题,成功实践了微电阻率扫描成像测井技术、钻孔显微高速摄像流速流向探查技术、单孔放水探查承压水水文地质条件技术等。

(2)关于煤-水协调开采评价技术,面临的主要问题是:在保水采煤领域,影响因素更多(如采动裂隙场、应力场、位移场、应变场及渗流场)、影响机制更复杂(如裂隙直接沟通含水层、弱透水层越流、采动含隔水层变异及采动渗流边界变化联合地下水资源变化)、探查成果有限(如风化基岩有强非均质性、烧变岩边界参差不齐等)。针对以上问题,成功实践了固液耦合物理相似模拟技术、多场联合数值模拟技术和基于多因素量化叠置分析技术等。

(3)关于煤-水协调开采水资源保护技术,面临的主要问题是:保水采煤的内涵更多样化(如要保护水资源、合理利用水资源和保护生态环境)、要求严格化(相较水害防治,小规模水位下降引起生态退化也需要防治)、问题多样化(如有顶板水、底板水、烧变岩水、地表径流水等)。针对以上问题,成功实践了保水采煤保护层留设技术、保护煤柱留设技术、烧变岩保护煤柱留设技术、过沟开采保水技术、矿井水改性浆液注浆加固技术、湿地净化技术等。

5.2 未来展望

鉴于煤-水协调开采存在的问题和采矿地质条件的演变,有以下研究方向正在寻求进一步突破:

(1)关于探查技术。目前,有团队正在尝试研究地下水天眼监测系统,通过钻孔显微高速摄像,实时监控区域地下水流场的演变。通过对高密度地下水流场的监测,可以实现对未来1小时涌入采煤工作面的水资源量的准确计算。此外,物探、化探及其他技术也在进一步发展,这为评价工作提供了可靠的依据。

(2)关于评价技术。在物理相似模拟方面,正在研发固液耦合材料,最终实现固液完全耦合。另外,3D打印技术、透明土技术等也被尝试应用到物理相似模拟中。在数值模拟方面,正在研发多软件数据处理技术,实现数值模拟更加灵活地处理复杂工程问题。在叠置分析方面,正在结合大数据技术、新算法技术等,研发更加可信的评价技术。

（3）关于保护技术。各类技术均有进一步的研发空间,特别是在面临多煤层叠加开采背景下。保护层留设、煤柱留设、过沟开采、地下水库建设等均面临新问题,需要进一步研究。此外,随着 N00 和 110 工法的大规模应用,相应的保水技术也需要进一步研究。

参 考 文 献

[1] 李涛.陕北煤炭大规模开采含隔水层结构变异及水资源动态研究[D].徐州:中国矿业大学,2012.

[2] 全国国土资源标准化技术委员会.煤炭行业绿色矿山建设规范:DZ/T 0315—2018[S].北京:中国标准出版社,2018.

[3] 武强,董东林,石占华,等.华北型煤田排-供-生态环保三位一体优化结合研究[J].中国科学(D辑),1999,29(6):567-573.

[4] 王双明,黄庆享,范立民,等.生态脆弱区煤炭开发与生态水位保护[M].北京:科学出版社,2010.

[5] 牟来艳.陕北侏罗纪煤田水文地质特征及水文地质单元划分[D].西安:西安科技大学,2014.

[6] 杨佩.榆神矿区顶板含水层涌(突)水条件综合研究[D].西安:西安科技大学,2017.

[7] 李亮.浅埋煤层柔性条带充填保水开采基础研究[D].西安:西安科技大学,2012.

[8] 吉俊阁.陕西渭北煤田奥灰岩溶水的不均一性[J].地下水,2008,30(6):119-120.

[9] 路飞.西北干旱-半干旱区大水煤矿充水条件及涌水量特征——以锦界煤矿为例[J].能源与环境,2017(5):98-100,102.

[10] 白喜庆,孙立新.榆神府矿区煤炭开发对地下水的影响及生态环境负效应[J].地球学报,2002,23(增刊):54-58.

[11] 黄庆享.浅埋煤层保水开采隔水层稳定性的模拟研究[J].岩石力学与工程学报,2009,28(5):987-992.

[12] 范立民.神府矿区活鸡兔井田烧变岩地下水资源初步评价[J].陕西煤炭技术,1996(1):14-16.

[13] 钱鸣高.资源与环境协调(绿色)开采[J].煤炭科技,2006(1):1-4.

[14] 钱鸣高,许家林,缪协兴.煤矿绿色开采技术的研究与实践[J].能源技术与管理,2004(1):1-4.

[15] 钱鸣高,许家林,缪协兴.煤矿绿色开采技术[J].中国矿业大学学报,2003,32(4):343-348.

[16] 顾大钊.煤矿地下水库理论框架和技术体系[J].煤炭学报,2015,40(2):239-246.

[17] 邵飞燕.神东矿区含水层转移存储在保水采煤中的应用[D].徐州:中国矿业大学,2008.

[18] 范立民.论保水采煤问题[J].煤田地质与勘探,2005,33(5):50-53.

[19] 李涛,王苏健,李文平,等.沙漠浅滩地表径流保水煤柱留设生态意义及方法[J].采矿与安全工程学报,2016,33(1):134-139.

[20] 毕银丽,孙金华,张健,等.接种菌根真菌对模拟开采伤根植物的修复效应[J].煤炭学报,2017,42(4):1013-1020.

[21] 范立民,马雄德,冀瑞君.西部生态脆弱矿区保水采煤研究与实践进展[J].煤炭学报,2015,40(8):1711-1717.

[22] 郭倩.榆阳煤矿开采对周边地下水水位的影响[D].西安:长安大学,2014.

[23] 闫朝波.张家峁煤矿煤层顶板涌(突)水危险性分区预测研究[D].西安:西安科技大学,2013.

[24] 国家安全监管总局,国家煤矿安监局,国家能源局,等.建筑物、水体、铁路及主要井巷煤柱留设与压煤开采规范[M].北京:煤炭工业出版社,2017.

[25] 李涛,冯海,王苏健,等.微电阻率扫描成像测井探测采动土层导水裂隙研究[J].煤炭科学技术,2016,44(8):52-55,73.

[26] 冯洁,王苏健,陈通,等.生态脆弱矿区土层中导水裂缝带发育高度研究[J].煤田地质与勘探,2018,46(1):97-100,107.

[27] 李涛,高颖,艾德春,等.基于承压水单孔放水实验的底板水害精准注浆防治[J].煤炭学报,2019,44(8):2494-2501.

[28] 王社荣,卫兆祥,雷甫仓,等.煤矿隐蔽特大突水通道快速封堵技术研究[J].中国煤炭地质,2013,25(11):31-35,54.

[29] 苗彦平.浅埋煤层水库旁开采隔水保护煤柱宽度留设理论与试验研究[D].西安:西安科技大学,2017.

[30] 李涛,王苏健,韩磊,等.生态脆弱矿区松散含水层下采煤保护土层合理厚度[J].煤炭学报,2017,42(1):98-105.

[31] 耿耀强,黄克军,陈通,等.常家沟水库周边烧变岩水文地质特征及自燃边界修正[C]//段中会.煤矿隐蔽致灾因素及探查技术研究:陕西省煤炭学会学术年会论文集(2014).北京:煤炭工业出版社,2015:215-221.

[32] 王启庆.西北沟壑下垫层 N_2 红土采动破坏灾害演化机理研究[D].徐州:中国矿业大学,2017.

[33] 陈伟.陕北黄土沟壑径流下采动水害机理与防控技术研究[D].徐州:中国矿业大学,2015.

[34] 蒋泽泉,雷少毅,曹虎生,等.沙漠产流区工作面过沟开采保水技术[J].煤炭学报,2017,42(1):73-79.